同义密码子使用模式

生物遗传学实践

周建华 著

中国科学技术出版社
·北京·

图书在版编目（CIP）数据

同义密码子使用模式：生物遗传学实践 / 周建华著 . — 北京：中国科学技术出版社 , 2024.8

ISBN 978-7-5236-0792-3

Ⅰ . ①同… Ⅱ . ①周… Ⅲ . ①兼并密码子—研究 Ⅳ . ① Q755

中国国家版本馆 CIP 数据核字 (2024) 第 110568 号

策划编辑	黄维佳　刘　阳
责任编辑	黄维佳
文字编辑	韩　放
装帧设计	佳木水轩
责任印制	徐　飞

出　　版	中国科学技术出版社
发　　行	中国科学技术出版社有限公司
地　　址	北京市海淀区中关村南大街 16 号
邮　　编	100081
发行电话	010-62173865
传　　真	010-62179148
网　　址	http://www.cspbooks.com.cn

开　　本	787mm×1092mm　1/16
字　　数	167 千字
印　　张	9.5
版　　次	2024 年 8 月第 1 版
印　　次	2024 年 8 月第 1 次印刷
印　　刷	北京盛通印刷股份有限公司
书　　号	ISBN 978-7-5236-0792-3 / Q·275
定　　价	110.00 元

著者简介

　　周建华，博士，西北民族大学生物医学研究中心副研究员，硕士研究生导师。主要研究方向为病原生物学与基因工程。先后主持国家自然科学基金 2 项、甘肃省自然科学基金 1 项、优秀青年团队培育项目 1 项、西北民族大学引进人才科研项目 1 项及校企横向合作项目 1 项。以第一发明人身份获发明专利 1 项，主译专著《细菌持留状态研究方法与操作规程》，主编专著《细菌持留性分子机制：基础理论与实验指导》，以第一作者或通讯作者身份于 SCI 期刊发表学术论文 7 篇、于 CSCD-C 中文期刊发表学术论文 4 篇。

内容提要

　　密码子使用偏嗜性作为生物遗传学特征之一，普遍存在于自然界。同义密码子使用模式的非均一性可致密码子使用偏嗜性，后者对基因转录、翻译和 mRNA 剪切及蛋白质共翻译折叠等过程发挥着精微调控作用。因此，同义密码子使用模式在物种及特定基因的遗传演化中扮演着重要角色。作者围绕着同义密码子使用模式参与基因表达活动的分子机制，具体探讨了同义密码子使用模式在各种微生物、病毒和动物遗传进化中的遗传学效应，同时明确了同义密码子使用模式在影响生命活动和人类疾病发生发展中的作用及其介导基因复制、转录和翻译等过程中所涉及的实验技术与操作规程。本书内容前沿，阐释缜密，兼具理论指导性和实际操作性，可供生命科学及生物遗传学相关研究人员借鉴参考。

前　言

在自然界中，不同物种具有相似的密码子使用偏嗜性。密码子使用偏嗜性不仅是物种之间的遗传标记，而且存在于同物种的不同基因之间。不同生物体密码子使用偏嗜性的进化动力来源于核酸突变选择压力、自然选择压力（翻译选择压力）及遗传漂移性。其中，基因组织结构、GC 含量、基因长度及表达水平、密码子比邻偏嗜性、重组率、mRNA 半衰期及二级结构、tRNA 丰度和核糖体质控机制均可影响密码子使用偏嗜性的形成。通过对密码子使用偏嗜性的分析研究，可展示物种之间的进化分支、水平基因转移及遗传进化的选择压力。分析研究密码子使用偏嗜性，可为生物工程领域表达外源基因提供各种翻译参数，还可通过合理基因编辑实现外源基因高效及精准表达。

如何利用生物工程菌高效、准确合成具有天然构象的外源蛋白，已成为当今生物工程领域相关专业科研人员的关注重点。为了在优化基因表达方面另辟蹊径，本书对同义密码子使用模式在基因复制、转录、化学修饰、多肽翻译合成，以及翻译后多肽构象正确形成过程中发挥的生物学作用进行了系统梳理，通过准确分析编码基因中同义密码子使用模式的遗传学特征与宿主菌（细胞）转录 / 翻译调控机制的兼容性，系统介绍了同义密码子使用模式介导基因复制、转录及翻译等过程中所涉及的实验技术与操作规程，以期实现利用不同工程菌（细胞）作为表达平台获得目标基因所表达的蛋白产物在表达效率和生物学功能方面的"双丰收"。

书中参考了近年来同义密码子使用模式的相关研究成果，系统介绍了生物遗传学中同义密码子使用模式对生物进化及生物表型的影响。希望本书能为国内生命科学及生物遗传学相关科研人员在开展同义密码子使用模式的实验研究中提供一些可借鉴参考的依据。

周建华

目　录

第1章 遗传分子生物学基础

一、与遗传学相关的细胞（细菌）学基础

自然界中的真核生物细胞有不同的种类，主要的分类有植物细胞、动物细胞、真菌细胞及原生生物细胞等。不同种类的真核生物细胞各自有其不同的结构特点，不同的结构又有其各自的功能，共同完成真核细胞的生命活动。

（一）真核生物细胞的结构与功能

1.**生物膜**　真核细胞具有庞大而复杂的膜结构，如细胞膜、核膜及众多的细胞器膜等，这些生物膜划分了细胞的结构功能区域，为细胞的生命活动提供了化学反应表面，也为众多酶类提供了附着位点。任何真核细胞都具有细胞质膜，细胞质膜主要由膜脂、膜蛋白及膜糖构成。膜脂的主要成分有甘油磷脂、鞘脂和固醇三大类，还有部分脂类与糖类结合形成糖脂。甘油磷脂具有极性的磷酸基团头部和非极性的脂肪酸尾部，两层甘油磷脂分子以尾部相亲的形式排列。鞘脂与甘油磷脂的结构大体相同，但由鞘脂形成的脂双层要比甘油磷脂双层更厚。固醇没有极性区域，疏水性极强因此不能独自形成脂双层，只能插入磷脂分子间参与膜结构的形成。

膜蛋白根据其与膜脂的结合方式主要分为三种类型：外在膜蛋白，又称外周膜蛋白；内在膜蛋白，又称整合膜蛋白；脂锚定膜蛋白。外在膜蛋白存在于膜的表面，主要与内在膜蛋白的膜表面部分或膜脂分子结合。内在膜蛋白为跨膜蛋白，包含胞质外结构域、跨膜结构域、胞质内结构域三部分，其中跨膜结构域与脂双层的疏水结构相互作用。脂锚定蛋白则是在膜表面与脂分子结合并插入脂双层中。

膜糖主要结合在膜蛋白或膜脂上形成糖蛋白或糖脂，其主要分布在脂双层的非胞质一侧。以上的结构共同构成了细胞质膜的"脂筏模型"。这种模型是指甘油磷脂构成细胞质膜的主体，具有流动性。而鞘脂、固醇等会在一定区域内富集，形成类

似"竹筏漂浮水面"的结构，并且这样的脂筏也会含有膜蛋白，发挥相应功能。脂筏具有一定的流动性，能够在膜上一定范围内侧向运动。

那么具有这种结构的细胞质膜又具有怎样的功能呢？首先，细胞膜能够控制各种物质的跨膜运输。非极性的小分子物质可以通过简单扩散顺电化学梯度直接穿过细胞膜，而一些大分子物质在进行跨膜运输的过程中则需要经过膜蛋白调控，能够调控物质进出的蛋白包括载体蛋白和通道蛋白。需要蛋白质介导的物质运输过程又分为需要消耗 ATP 的主动运输和不需要消耗 ATP 的被动运输，被动运输也是顺电化学梯度的转运方式。同时，一些无法进行跨膜运输的大分子或颗粒性物质想要进行跨膜运输，就需要通过胞吞和胞吐来完成，如大分子的蛋白质、多糖等。其次，细胞膜能将胞内环境与外界环境分割开并严格控制物质进出，这也使细胞具有了一个稳定的内环境。许多酶都结合在细胞膜上，为酶促反应的稳定高效的进行奠定基础，也使细胞内的多种生物化学反应得以稳定进行。细胞膜能够介导细胞间的信息通讯。在细胞膜上存在着许多受体，它们主要的化学成分为糖蛋白、脂蛋白或糖脂蛋白。这些受体能够识别来自其他细胞分泌的信号分子或是直接与其他细胞的细胞膜上相应的配体互作来传递信息。相邻动物细胞的细胞膜之间会形成间隙连接来传递信号，而植物细胞之间会利用胞间连丝来实现信号传递。

2. 细胞内膜　在真核细胞中，由单层膜包被的在结构、功能等方面相互关联的细胞器或细胞结构被称为内膜系统。内膜系统主要包括溶酶体、内质网、高尔基体等。内质网为扁平囊状或是管状的膜系统所形成的网状结构，其形态功能随细胞的生理状态而改变。内质网的系统庞大，有的内质网与细胞质膜向内凹陷折叠的部分相通，有的内质网则与细胞核膜相连通。内质网主要可根据其表面光滑程度分为光面内质网和糙面内质网，有核糖体附着的内质网为糙面内质网，而光面内质网无核糖体附着。核糖体能够合成蛋白质，同时有核糖体附着的糙面内质网也具有合成蛋白质的功能，肽链在核糖体上起始合成不久就转移到内质网膜上继续合成，并且进行盘曲折叠形成一定的空间结构，有些还会在内质网中进行糖基化修饰，形成具有一定功能的蛋白质或糖蛋白。光面内质网则是脂质合成的重要场所，最主要的是磷脂，在合成脂质后一般通过出芽方式或借助磷脂交换蛋白将合成的脂类运输到其他生物膜处。光面内质网在内质网中的占比较小，同时还具有出芽运输已合成蛋白质的功能。

高尔基体是由大小不同形态各异的囊泡系统构成的，其形态随细胞的生长阶段而不断改变。目前的研究认为高尔基体由四部分组成：高尔基体顺面囊膜或顺面网状结构、高尔基体中间囊膜、高尔基体反面囊膜及反面高尔基网状结构。高尔基体顺面囊膜接收来自内质网合成的物质并将其转运进中间囊膜，中间囊膜中主要进行糖基修饰和形成糖脂等，反面囊膜则对合成的蛋白质等物质进行分选和包装，将合成物进行转运。

溶酶体是由单层膜包裹的囊泡结构内含多种水解酶的细胞器，它存在于绝大多数的动物细胞中，植物细胞也具有相关细胞器。其主要功能是负责细胞消化，这对维持细胞正常的代谢活动和消灭外来异物都有很大作用。溶酶体能够清除无用大分子、消化衰老的细胞器和衰老损伤死亡的细胞。在吞噬细胞中，溶酶体能够将吞噬入细胞的病原微生物杀死并降解。若细胞处在接触状态，溶酶体可以分解细胞自身的大分子物质以提供能量。受精过程中的顶体反应同样有溶酶体参与。

3. 产能细胞器　细胞中的物质代谢大部分都需要消耗能量，在真核细胞中存在着两种双层膜结构的细胞器，其能够生产大量能量以供细胞进行生命活动：线粒体和叶绿体。它们是一类半自主细胞器，能够携带遗传物质并自主表达，遗传物质可以随细胞质遗传给子代。

线粒体存在于所有真核细胞的细胞质当中，它有双层膜结构，内膜向内折叠形成嵴，外膜包被在内膜之外，表面平滑，外膜与内膜共同形成的间隙叫作膜间隙，内膜内的部分则称为基质。线粒体的外膜上存在孔道蛋白，能够通过一些小分子物质，并且外膜的通透性较高，因此膜间隙与胞质中的离子环境相似。外膜上还存在一些能够参与氧化分解的酶，可以初步氧化分解物质。膜间隙的大小会随细胞生命活动而不断变化，其中含有许多底物和酶，当呼吸活跃时，膜间隙会变大。线粒体内膜富含心磷脂，这使内膜的通透性极低，有利于 ATP 的合成，同时线粒体内膜上存在着许多线粒体基粒，也就是 ATP 合酶，表明线粒体是 ATP 合成的主要场所。线粒体基质中含有大量的蛋白质，并且有特定的 pH 和渗透压，在线粒体基质中能够完成许多重要的生化反应，产生大量 ATP。

叶绿体存在于大多数植物细胞和部分原生生物当中，动物细胞中不包含叶绿体。叶绿体的体积较大，呈凸透镜的形状，叶绿体也是双层膜结构的细胞器，其内存在类囊体这一特殊结构。外膜上含有孔蛋白，具有极高的通透性，但内膜的通透性极低仅允许气体和水分子自由通过。内膜上存在许多转运蛋白，能够选择性的转运大分子物质。内膜与类囊体之间的胶体基质称为叶绿体基质，其中含有多种蛋白质及酶类，能够参与 CO_2 的固定。叶绿体 DNA、核糖体及淀粉粒等物质也存在于基质中。在内膜内还存在一种扁平的囊膜，被称之为类囊体，众多类囊体堆叠形成基粒，类囊体内包裹的腔隙称为类囊体腔。基粒这一结构能够显著增加膜面积，增大光能吸收效率，从而进行光合作用。

4. 遗传物质传递及表达结构特征　绝大多数真核细胞都具有细胞核，细胞核是胞内最大的细胞器。细胞核由双层的核膜包被，外层核膜与内层核膜相融合的地方形成众多的核孔，内膜上附着有核纤层，核内包有大量杂乱排列的染色质及球形小体核仁。核外膜上常常附着有核糖体，并与内质网相连，而核内膜则表面光滑，其上存在一些特殊的蛋白质，在核孔中常常镶嵌有核孔复合体。核孔复合体具有控制物质通过核孔的功能，类似特殊的跨膜运输蛋白复合体，这使核膜除了能够区分核质间区域、保护核内遗传物质之外，还能够调控细胞核内外的物质运输和信息交流。

核纤层是一种蛋白质形成的纤维网状结构，与细胞骨架相类似。它能在核膜内起支撑作用、维持细胞核的正常大小与形状。有研究表明，核纤层能够在基因表达的过程中起一定的调节作用，并且参与 DNA 的修复。

染色质是遗传物质的载体，它存在于细胞间期，主要由 DNA、蛋白质及少量 RNA 组成的一种线性复合结构。染色质能够调控基因的表达和细胞的代谢活动，通过不断转录出 RNA 并翻译成蛋白质来调控物质代谢。在细胞分裂期，染色质会经过高度螺旋形成染色体，染色体是一种较为稳定的结构形态，其上具有着丝点，便于细胞进行有丝分裂或减数分裂。核仁是 rRNA 合成、加工和核糖体组装的场所，它在细胞遗传物质的表达与代谢活动过程中有重要的作用。细胞进入分裂期时核仁会逐渐消失，rRNA 停止合成，而在细胞分裂末期 rRNA 合成恢复，核仁逐渐形成。

核糖体是细胞内的一种核糖蛋白颗粒，它几乎存在于所有细胞中。真核细胞的核糖体沉降系数为 80S，由 60S 大亚基和 40S 小亚基组成，是细胞中蛋白质合成的主要场所，能够将 mRNA 中的遗传信息翻译为肽链，是蛋白质合成过程中最基础也是最不可缺少的一步。核糖体分为附着于膜上的附着核糖体，以及有利于细胞质基质中的游离核糖体，两种核糖体没有结构的差别仅在合成的蛋白质种类上有所区别。

所有真核细胞均拥有细胞骨架系统。在生命活动过程中，细胞形态结构是在不断变化的，而其变化的动力就是来自细胞中的各种纤维蛋白，也就是细胞骨架的不断组装和解聚而形成的，这些纤维蛋白部分附着在细胞膜上，部分在胞内形成网状结构，构成了细胞内的骨架和桥梁。在真核细胞中主要由微丝、微管、中间丝这三种纤维蛋白来组成细胞骨架系统。

微丝也叫肌动蛋白丝，主要由肌动蛋白构成，分布于细胞质膜内侧成束状排列，与细胞突起的形成、细胞吞噬、细胞迁移等多种细胞活动相关，并通过形成胞质分裂环来参与细胞分裂时质膜的收缩环节。此外，微丝也参与细胞质中的物质运输，能够作为马达蛋白的结合区域，使马达蛋白沿微丝来运输物质。在肌细胞中，肌球蛋白也依赖于微丝来进行收缩与舒张运动，形成肌细胞中的肌节。在受精过程中，微丝能够在释放顶体酶后牵拉精子进入卵细胞，从而参与受精作用。

微管是一种中空的管状结构，它由众多的微管蛋白组装而成，真核细胞中的微管一般以单管的形式存在，微管以中心体为中心，向四周呈辐射性分布。微管与微丝相同，能够参与细胞的物质运输，并且微管能够参与纺锤体的形成，并在细胞分裂期牵引染色体运动。近年有研究表明，微管还参与细胞中的信号传导作用。

中间丝是一种介于微丝和微管之间的纤维结构，主要由中间丝蛋白组成，存在于绝大多数的动物细胞中。与其他细胞骨架相同，中间丝也具有细胞支持作用，并且参与细胞中的物质运输和信息传递。中间丝还能够延伸到细胞质膜与相邻细胞结合固定以维持细胞的连续性。

此外，植物细胞还具有细胞壁这种特殊结构来提高细胞强度。植物细胞壁的主要成分为纤维素、半纤维素及果胶，它形成于植物细胞与细胞之间，具有保护细胞免受机械损伤的功能。同时，细胞壁还能过滤大分子物质将其隔绝在胞外，在植物细胞的信号传导中也发挥着一定的作用。

（二）原核生物细胞的结构与功能

在自然界中，原核生物细胞存在于我们生活中的任何区域，是生态系统中不可或缺的一部分。原核生物种类繁多，如蓝细菌、细菌、支原体和衣原体、古细菌、放线菌、立克次体、螺旋体等，这些原核生物都是单细胞生物，以单个细胞为个体进行一系列生命活动，因此在细胞结构方面原核生物细胞与真核生物细胞有很大区别。不同种类的原核细胞都具有其各自的特殊结构，但有一些结构是原核细胞所共有的，这些结构也就被称为原核细胞的基本结构，那么基本结构在原核细胞中又行使哪些功能呢？

1. 原核细胞的基本结构特征

(1) 细胞壁：除支原体之外的所有原核细胞都具有细胞壁。细胞壁是包裹于原核细胞膜外的一层坚韧而具有弹性的膜状结构，其主要成分为肽聚糖，不同种类原核细胞的细胞壁构成大不相同。细菌可根据革兰染色法分为革兰阳性菌和革兰阴性菌，其中，革兰阳性菌的细胞壁特有的成分为磷壁酸，革兰阴性菌的细胞壁上则含有大量的脂多糖及磷脂等脂类。此外，它们还共同含有蛋白质等物质。革兰染色法的原理主要是通过乙醇洗脱将革兰阴性菌细胞壁上的脂类溶去，使其细胞壁孔隙扩大，结晶紫能够从孔隙中洗脱，但革兰阳性菌由于不含脂类或脂类含量较少，因此结晶紫无法通过细胞壁脱出，以此来区分革兰阴性菌与革兰阳性菌。原核细胞的细胞壁能够维持细胞外形，提高其机械强度，使细胞在低渗环境中不会吸水涨破。细胞壁还能够控制物质进出细胞，抵抗有害物质进入细胞。细胞壁上具有许多特异性抗原，这使细胞壁参与细菌的血清型分类。在某些原核细胞壁中含有一些特殊成分与致病能力有关，并且细胞壁的成分也与病原菌的耐药性相关，如青霉素能够干扰细菌细胞壁肽聚糖形成，但革兰阴性菌细胞壁成分复杂，肽聚糖占比较小，肽聚糖合成受阻对其细胞壁功能没有较大影响。

(2) 细胞膜：原核细胞不具有内膜系统，但部分革兰阴性菌具有细胞外膜。原核细胞的细胞膜位于细胞壁内侧，包裹细胞质，它存在于所有原核细胞上。细胞膜的化学成分主要有磷脂和蛋白质，也有少量的糖类或其他物质。原核细胞的细胞膜与真核细胞膜的结构与功能没有明显差异，其基本结构也是脂筏模型，即以甘油磷脂双层构成细胞膜的主体，鞘脂、固醇等会在一定区域内富集形成"脂筏"，其中心含有膜蛋白，具有一定的流动性。膜上分布有多种不同功能的酶，能够参与细胞呼吸、能量代谢及物质合成，并且在膜上含有多种载体蛋白和通道蛋白，能够参与细胞内外物质的跨膜运输，细胞膜上也具有受体蛋白能够进行细胞识别。原核细胞的细胞膜能够参与某些胞外结构的形成，如荚膜、细胞壁等。有些革兰阴性菌细胞膜能够内陷形成小管状结构，被称为间体，它扩大了细胞膜的膜面积，使细胞的代谢效率得到极大提高。

(3) 核糖体：所有的原核细胞都具有核糖体，核糖体主要分布于原核细胞的细胞质中，它的结构与真核细胞的核糖体不同，其沉降系数为 70S，由 50S 大亚基和 30S 小亚基构成。但其功能与真核细胞的核糖体并无差异，是原核细胞中合成蛋白质的场所，能够将 mRNA 中的遗传信息翻译为肽链，是蛋白质合成过程中最基础也是最不可缺少的一步。细菌中核糖体的 30S 亚基由 16S rRNA 和 21 种核糖体蛋白组成，其中细菌的各种属之间的 16S rRNA 具有高度保守性，因此核糖体也可以通过检测其 16S rRNA 应用于细菌种属的鉴定。由于原核细胞的核糖体与真核细胞的核糖体中组成的亚基不同，因此部分抗生素利用这一特点来杀灭病原菌而对真核细胞无毒性作用。

(4) 拟核结构：与真核细胞所不同的是，原核细胞不存在细胞核。原核细胞的遗传物质没有核膜包被，也不存在核仁及染色体，它的遗传物质是分布在细胞中央的共价闭合的环状双链大型 DNA 分子，被称为拟核。拟核与真核细胞的染色体不同，它不与组蛋白结合形成超螺旋结构，但拟核中含有少量的 RNA 多聚酶和组蛋白样蛋白。拟核是承载原核细胞遗传物质的细胞结构，能够控制细胞的遗传和变异，也能调控细胞的各种生命活动，与真核细胞的染色体功能相似。

2. 原核生物的特殊结构　原核生物除一些共有的一般结构之外，不同种属间还存在不同的特殊结构，这些结构对细胞的生命活动有着特殊的作用。

(1) 质粒：质粒是存在于拟核之外的游离在细胞质中的小型双股 DNA 分子，大部分为共价闭合环状结构，也存在线性质粒。质粒上也承载有原核细胞的遗传物质，但其中表达的基因大部分都是非必需的，主要功能是用来控制细胞的耐药性、荚膜、菌毛等特殊的遗传性状。在细胞内质粒可以独立进行自我复制，并且其存在是不稳定的，在一些特定的环境下，质粒在胞体内可自行丢失或人工消除。此外，有些质粒还能整合到拟核 DNA 上，这类载体也被称为附加体。质粒可以通过细菌间的接触或通过性菌毛在胞体之间传递并表达，并且质粒能够与外来的 DNA 整合，因此在基因工程领域质粒常被作为载体使用。

(2) 荚膜：有些原核细胞会在细胞壁外产生一种边界清晰的黏液样物质，即荚膜。荚膜的主要成分是多糖类，也有部分原核细胞的荚膜含有多肽和脂质。荚膜一般在细胞处于营养丰富的环境时产生，营养贫瘠的环境中细胞不产生荚膜。荚膜具有一定的保护作用，能够抵抗吞噬细胞的吞噬作用，提高病原菌的侵袭力。细胞在荚膜中会储存大量的营养物质，有利于细胞摄入，荚膜也具有一定的毒性作用，是致病菌重要的毒力因子。荚膜具有抗原性且有种属特异性，这使得荚膜在血清学鉴定细菌种属中发挥一定作用。

(3) 鞭毛与菌毛：鞭毛是一种长出胞体表面的长而细的丝状物。其成分为蛋白质，主要由鞭毛蛋白形成，鞭毛蛋白类似于真核细胞中的肌动蛋白，因此鞭毛是原核细胞的运动器官，具有鞭毛结构的原核细胞能够根据外界环境的刺激向着特定的方向运动，这有利于原核细胞获取更多营养物质以维持自身生命活动，也有助于提高病原菌的侵袭力。在不同种类的原核细胞中，其所存在的鞭毛数量和鞭毛存在的位置也各不相同，大致可分为异端单毛菌、两端单毛菌、丛毛菌、周毛菌等。单毛菌或丛毛菌一般为直线运动，而周毛菌则为无规律缓慢运动或滚动。鞭毛具有抗原性，能够用于细菌的鉴定和分类。

菌毛是存在于胞体周身的、比鞭毛较短的细丝，其成分为蛋白质，是一种空心的蛋白质管，结构类似于真核细胞的微管。原核细胞中菌毛的密度要远远高于鞭毛，并且在一种细胞中存在不同种类的菌毛，最常见的分类将其分为普通菌毛和性菌毛。普通菌毛数量更多且周身分布，它具有黏附作用，能使病原菌黏附在宿主细胞上，是重要的毒力因子。性菌毛也被称为 F 菌毛，它能够参与细菌的接合，在菌体间传递物质，也能够传递质粒，这使相互接触的原核细胞间能获得相同的性状。此外，与鞭毛相同的是，菌毛也具有抗原性能够参与血清学检测。

(4) 芽孢：芽孢是一些革兰阳性菌在一定的环境中，在胞内产生的一种圆形或卵圆形的休眠体。与芽孢相对，未形成芽孢的胞体则被称为营养体。芽孢具有多层结构，最内层为芯髓，其内包有核体和细胞质，其次为内膜，内膜外包有芽孢壁，芽孢壁外又包有外膜和外衣。这使得芽孢具有坚实的结构，具有极强的抗逆性，能够使细胞在不良环境中的抵抗力极大增强，得以存活，并在环境恢复适宜后，芽孢重新萌发为营养体进行繁殖。不同的原核细胞其胞内形成的芽孢位置和形态都各不相同，可以作为各菌种的分类依据。由于芽孢的结构多层且致密、含水量少、蛋白质受热不易变性，并且芽孢中含有吡啶二羧酸与钙形成复合物，具有高度耐热和抗氧化能力，芽孢的芯髓能够保护其内的 DNA 免受外界不良环境影响，这使得杀灭芽孢的条件极为苛刻，一般使用干热灭菌法或高压蒸汽灭菌法来杀灭芽孢，因此能否杀灭芽孢也作为评价消毒效果的依据。

二、基因

当 Watson 和 Crick 发现 DNA 的双螺旋结构后，基因由起初的抽象性逐步被注入了实体内容。随着分子生物学和基因工程领域的不断深入研究，科学家对基因功能和结构的认识也在加深。基因的化学本质就是由脱氧核糖核苷酸双链组成的

DNA。基因具有承载生物遗传信息的能力，负责传递控制生物体生命活动的遗传指令。几乎所有生命体的生命活动都直接或间接地在基因转录与翻译的控制之下，均能够在基因自身来探索其本质特征。基因对人类最重要的贡献之一就是可以被人工操作来改变生物遗传属性，从而产生人为设定的生物属性。

（一）对基因的认识过程

基因（gene）是 19 世纪初由遗传学家 Johannsen 提出的一个名词，这有利于替代孟德尔学说中关于支配生物性状的遗传因子这个生物学概念。随着基因研究的不断深入，其早已走出了自然科学的"圈子"，逐步被大众所了解和接纳。当今社会各界在不同场合都会多少谈论一些与基因相关的话题，尤其基因突变（如核辐射诱发人体基因发生突变等热门话题）在社会各个阶层都有关注的人群，这也是人们真切地感受到基因与自身疾病等息息相关的生动写照。

20 世纪中叶，美国细菌学家 Avery 通过肺炎双球菌体外转化实验证明 DNA 携带遗传物质；随后，随着分子生物学不断发展，Watson 和 Crick 提出的双螺旋结构让人们真正认识到基因的本质。基因中储存着生命孕育、生长、凋亡过程的全部信息，通过复制、表达、修复，完成生命繁衍、细胞分裂和蛋白质合成等重要生理过程，生物体的生、老、病、死等重要生理活动均与基因息息相关。由于研究基因的相关生物学、物理学、化学及数学分析技术的迅猛发展，对基因的结构与生物学功能已经有了深入的了解和认知，能够一定程度上诠释基因在生命活动中发挥的各种生物学与遗传学的作用。对基因的研究可分为 3 个阶段：①针对细胞染色体进行基因的研究，称为基因的染色体学阶段；②在 DNA 水平上的相关研究，称为基因的分子生物学阶段；③随着分子生物学和基因工程技术的发展和进步，将目标基因直接进行克隆，研究基因的生物遗传学功能与其生物表型之间的关系，称为反向遗传学阶段。与传统遗传学研究的策略不同，反向遗传学研究主要聚焦重组 DNA 技术和定点突变技术，在体外做基因突变，然后将突变基因导入生物体中，检测突变基因带来生物表型的异同，最终实现对基因功能与结构的探索。

（二）基因的结构与功能

一个基因可以编码一种酶的假说奠定了现在分子遗传学的基础，即基因是可以翻译合成单链多肽的一段 DNA 序列。作为一种化学分子，基因能够承载大量遗传学信息，通过复制、转录和翻译来呈现对生命体相关活动的指令。所有生命体的生命活动均是在基因的直接或间接参与下开展的。在基因组中，除了基因以外，还存在大量非基因序列，它们在基因表达过程中发挥着很多调控作用。但是非基因序列一旦脱离了基因，就没有任何生物学意义了。这是因为非基因序列主要通过两种途径来发挥其作用：①通过序列核酸成分改变、转座或易位等形式来影响原有基因的序列或产生新基因；②以操纵子、增强子或者启动子等元件来调控基因相关表达活性。

随着分子生物学及细胞生物学分析技术的不断发展，一个基因编码一个酶的假说在不断修正，这更好地适应那些拥有不止一个亚基的蛋白质：若蛋白亚基是相同的，则视为同源蛋白多聚体，其可以被一个基因表达；若蛋白亚基不相同，则视为异源多聚体。因此，基因目前较为准确的定义为：一个基因对应一条多肽链。基因是编码特定蛋白产物的特定 DNA 序列，基因表达的过程止于蛋白质或 RNA。基因突变（mutation）对基因结构造成的影响是很强烈的，最极端的突变能够令基因功能丧失。但是，基因突变只影响有突变基因拷贝所编码的蛋白质活性，不影响其他任何基因所编码的蛋白质活性。

基因通常是一段具有遗传效应的 DNA 片段。从结构上来讲，基因分为编码区（coding region）和非编码区（non-coding region，UTR）两部分，其中非编码区位于编码区的上下游，因此又称"侧翼序列"。非编码区在调控基因表达方面发挥着重要作用，如启动子、增强子、终止子等都位于非编码区，因此该区域的基因也被称为"调节基因"。这些"调节基因"一般位于不含核小体的染色质开放区域，并且能够与一些蛋白质结合，在一些发育和分化过程中被识别并发挥作用。值得注意的是，在进化过程中，这些"调节基因"的序列及其位置相对保守，这也表明其在调节转录过程和基因表达方面发挥着重要的作用。

1. 启动子 启动子（promoter）是特定区域转录的 DNA 序列，一般位于转录起始位点的上游。在转录过程中，RNA 聚合酶与转录因子会识别并特异性结合到启动子上，从而启动转录。启动子本身不会被转录，而是通过与转录因子结合，从而介导基因的调控，但当启动子位于转录起始位点下游时，这些启动子序列也可以被转录。启动子通常可以从两个方向进行转录，但只有一个方向的转录本可以延伸，另一个方向的转录本短且不稳定，易被外泌体降解。

虽然核心启动子都具有激活转录这一相同功能，但其序列和结合位点却是多元的。最先被发现的 TATA 盒，它是古细菌和真核生物核心启动子区域中的一段 DNA 序列，位于多数真核生物基因的转录起始位点上游 25～32bp 处，A-T 碱基对是其主要的组成成分，作为 RNA 聚合酶的结合处之一，TATA 盒能够与 RNA 聚合酶稳定结合之后起始转录。TATA 盒的原核同源物称为 Pribnow 盒，它具有较短的共有序列 TATAATAAT，富含 A-T 碱基对。CCAAT 盒（又称 CAAT 盒或 CAT 盒）是具有 GGCCAATCT 共有序列的不同核苷酸序列，位于转录起始位点上游约 80bp 处，是真核生物基因常有的调节区，能够调控转录起始的频率，并且也是潜在的 RNA 聚合酶的结合位点。而在原核生物启动子 –35bp 处，存在与之相似的 TTGACA，也称为 –35 区。除此之外，还有 CpG 岛、启动子元件、下游启动子元件、下游核心元件、上游和下游 TFⅡB 识别元件等多种核心启动子。不同的序列组合可能会招募不同的转录起始复合体和转录因子，从而在不同的生物学过程中表达。另外，在转录起始位点上下游 40～250bp 处也存在多种启动子元件。这些元件的不同组合可能会在组织特异性表达，并在生长和分化等过程中结合不同的转录因子，从而调控基因转录的活性和强度。

2. **增强子** 增强子（enhancer）是一段位于转录起始位点或下游基因 1Mbp 位置的序列，长度为 50～1500bp。它广泛存在于原核生物和真核生物基因结构中，能够与转录激活因子结合，从而进一步激活或增强特定基因的转录活性。与启动子一样，增强子同样作为顺势作用元件对转录过程进行调控，但与启动子保守存在于转录起始位点上游不同，增强子的位置并不固定，可以位于启动子的上游或下游，并且一个增强子不会仅限于促进某一个特定的启动子，而是可以促进其附近的任一启动子。

3. **终止子** 终止子（terminator）通常位于基因或操纵子的末端，其功能是为 RNA 聚合酶提供终止转录信号。大部分终止子都具有一段共同序列，即回文序列（palindrome sequence）。回文序列是双链 DNA 中一段倒置的序列，其特点为其中一条链的碱基序列与其互补链的碱基序列从同一方向读是完全相同的。当这段序列较短时，双链断开后可能是限制性内切酶的识别位点；当序列较长时，双链断开则有可能形成发卡结构，这种结构能够在转录过程中对 RNA 聚合酶的移动产生空间阻碍，使其转录速度减缓。此外，在转录过程中，它还可以通过多聚 T 尾（poly-T tail）与腺嘌呤（adenine，A）结合，当转录速度减缓到一定程度时，这种结合就会变得不稳定，从而进一步导致转录的终止。

4. 编码区　在转录起始密码子与转录终止密码子之间的 DNA 序列为编码区。其中真核生物基因的编码区包含内含子（intron）与外显子（exon），在转录的过程中会将内含子进行修剪，并将外显子进行拼接，最终形成转录产物。而在原核生物中，其基因是连续的，并不存在外显子与内含子之分。

5. 前体 RNA　前体 RNA（pre-mRNA）是真核生物基因转录成为 mRNA 之前的前体转录物，即最初转录生成的 RNA。其结构主要包含三部分：开放阅读框（open reading frame，ORF），转录起始位点（transcription start site，TSS），转录终止位点（transcription termination site，TTS）。ORF 由一段连续的密码子组成，通常是指起始密码子（AUG）到终止密码子（UAA、UGA 或 UAG）之间的区域。在真核生物基因中，ORF 跨越内含子与外显子区域，在 ORF 转录后，外显子可以拼接在一起，以产生蛋白质翻译的最终 mRNA，并且由于读写位置不同，对应了不同的起始位点，ORF 最终可能会被翻译为不同的多肽链。TSS 是指一个基因 5′ 端转录的第一个碱基，它是与新生 RNA 链上第一个核苷酸相对应 DNA 链上的碱基，通常为一个嘌呤核苷酸。一般情况下，我们常把转录起始位点前，即 5′ 端的序列称为上游，而把其后（即 3′ 端）的序列称为下游。TTS 则是指新生 RNA 链最后一个核苷酸相对应的 DNA 链上的碱基。当 RNA 链延伸到 TTS 时，RNA 聚合酶不再继续形成磷酸二酯键，此时 DNA 恢复成双链状态，同时 RNA 聚合酶和 RNA 链也会从模板上被释放。

6. mRNA　pre-mRNA 经过进一步加工切除居间顺序并把分隔的蛋白质编码区连接起来，最终成为成熟的信使核糖核酸（messenger RNA，mRNA）。在 mRNA 的转录过程中，其 5′ 端会发生修饰，从而形成一个特殊的帽子结构，即 5′ 端帽子结构（five-prime cap）。这一结构能够识别进出细胞核的 RNA，促进 5′ 端内含子的切除，并且在翻译过程中，还有助于核糖体对 mRNA 的识别和结合。在 mRNA 的 3′ 端存在着多聚 A 尾（poly-A tail），它是一段有且仅有腺嘌呤碱基组成的 RNA。这种结构可以避免细胞质中核酸的酶促降解，阻止核酸外切酶对 mRNA 的切割，对转录终止、mRNA 核输出及翻译都至关重要。此外，在 5′ 端与 3′ 端还分别存在一段 UTR，它参与转录但不翻译，也属于外显子的一部分。如果这段序列位于 5′ 端，则称为 5′UTR，也称前导序列，若位于 3′ 端，就叫它 3′UTR，也称尾随序列。5′UTR 从 5′ 端帽子结构延伸至起始密码子，而 3′UTR 从编码区末端的终止密码子延伸至 3′ 端多聚 A 尾的前端。UTR 广泛存在于原核生物和真核生物中，但其长度和组成存在差异。

原核生物中，5′UTR 通常为 3～10 个核苷酸的长度，但在真核生物中 5′ UTR 有成百上千个核苷酸的长度。与原核生物相比，真核生物的基因组更复杂。

（三）基因复制、转录与翻译的基本过程

1. **基因的复制** 基因（遗传因子）是遗传的基本单位，是 DNA 或 RNA 分子具体遗传信息的特定核苷酸序列。如果遗传物质为 DNA（人、动物、植物等），则基因就是 DNA 中有遗传效应的脱氧核苷酸序列；如果遗传物质为 RNA(少数病毒等)，则基因为 RNA 分子具有遗传信息的特定核苷酸序列。

(1) DNA 的复制：原核生物和真核生物，其 DNA 都是以半保留复制方式遗传。DNA 的半保留复制是指每一子代分子的一条链来自亲代 DNA，另一条链则是新合成的。DNA 是一条双链大分子，两条单链形成双螺旋结构，每条单链的序列都基于四种碱基，分别表示为 A（腺嘌呤）、C（胞嘧啶）、G（鸟嘌呤）、T（胸腺嘧啶）。两条链互补配对，腺嘌呤与胸腺嘧啶之间有两个氢键，鸟嘌呤与胞嘧啶之间有三个氢键，即 A=T、G ≡ C，每条链都有一个 5′ 端和一个 3′ 端，两条链反向平行。

DNA 复制的首先是两条链分离，由解旋酶完成，同时导致复制叉的形成（复制叉即为两条 DNA 单链组成的叉状结构），分离的两条单链分别可以作为复制的模板合成新的 DNA 链。接着引物酶引发生物复制过程，这种酶合成了一小段 RNA，叫作引物，它标记了新链 DNA 合成的起始位置，DNA 聚合酶和引物结合（聚合酶不止一种，原核生物与真核生物的聚合酶也不同），开始新链的合成。DNA 聚合酶只能引发 DNA 朝一个固定方向的复制（即 5′ 端→ 3′ 端），其中一条链叫前导链，是连续复制的，DNA 聚合酶将碱基按 5′ 端→ 3′ 端的方向一个一个加上去。另一条链为后随链，它无法连续合成，其方向与前导链相反，由于 DNA 聚合酶可以合成小片段称为冈崎片段，每一个冈崎片段都需要引物的引发，DNA 聚合酶将碱基从 5′ 端到 3′ 端加上引物，下一个引物随后与 DNA 链结合，另一个冈崎片段随后合成，然后这个过程不断重复（后随链并不比前导链的复制速度慢）。然后，当新的 DNA 合成后，核酸外切酶将双链上所有 RNA 片段移除；另一种 DNA 聚合酶随后将缺口填补，最后，DNA 连接酶将双链上的缺口愈合（连接酶填补的是冈崎片段之间的 3,5- 磷酸二酯键），形成完整连续的双链。

(2) RNA 的复制：RNA 的复制是以 RNA 为模板合成 RNA 的过程；复制酶（依赖于 RNA 的 RNA 聚合酶）：模板特异性强，只能识别病毒自身的 RNA；正常情况

下，大肠杆菌中不存在复制酶，只有受感染时，才翻译产生；病毒 RNA 进入宿主细胞后，即在 RNA 指导的 RNA 聚合酶催化下进行 RNA 合成反应。

2. 基因的转录 无论是原核生物还是真核生物，RNA 链的合成都具有以下几点特点。

RNA 是按 5′ 端→3′ 端方向合成的，以 DNA 双链中的反义链（模板链）为模板，在 RNA 聚合酶的催化下，以四种核苷三磷酸（NTP）为原料，根据碱基互补配对原则（A-U、T-A、G-C），各核苷酸间通过形成磷酸二酯键相连，不需要引物的参与，合成的 RNA 带有与 DNA 编码链（有义链）相同的序列（A-U）。转录的基本过程：模板识别、转录起始、转录的延伸和终止。

(1) 模板识别：模板识别阶段主要是指 RNA 聚合酶识别启动子序列与启动子 DNA 双链特异性结合的过程。启动子是基因转录起始所必需的一段 DNA 序列，是基因表达调控的上游顺式作用元件之一。

(2) 转录起始：转录起始不需要引物。RNA 聚合酶结合在启动子上以后，使启动子附近的 DNA 双链解旋并解链，形成转录泡以促进底物核糖核苷酸与模板 DNA 的碱基配对。转录起始就是 RNA 上的第一个核苷酸键的产生。

(3) 转录延伸：进入转录延伸阶段，底物 NTP 不断被添加到新生 RNA 链的 3′–OH 端，随着转录泡复合体与 RNA 聚合酶沿着 DNA 模板向前移动，DNA 双螺旋持续解开，暴露出新的单链 DNA 模板，新生 RNA 链的 3′ 端不断延伸，在解链区形成 RNA-DNA 杂合物。而在解链区的后面，DNA 模板链与其原先配对的非模板链重新结合成为双螺旋，RNA 链被逐步释放。

(4) 转录终止：当 RNA 链延伸到转录终止位点时，RNA 聚合酶不再形成新的磷酸二酯键，RNA-DNA 杂合物分离，转录泡瓦解，DNA 恢复成双链状态，而 RNA 聚合酶和 RNA 链都被从模板上释放出来即转录终止。

(5) 原核生物和真核生物转录过程的差异性：原核生物和真核生物基因转录具有一定的相似性，但也存在以下几方面差异。

只有一种 RNA 聚合酶参与所有类型的原核生物基因转录，而真核生物有 3 种以上的 RNA 聚合酶来负责不同类型的基因转录，合成不同类型，在细胞核内有不同定位的 RNA。

转录产物有差别。原核生物的初始转录产物大多数是编码序列，与蛋白质的氨基酸序列呈线性关系，而真核生物的初始转录产物很大，含有内含子序列，成熟的

mRNA 只占初始转录产物的一小部分。

原核生物的初始转录几乎不需要剪接加工，就直接作为成熟的 mRNA 进一步行使翻译模板的功能；真核生物转录产物需要经过剪接、修饰等转录后加工成熟的过程才能成为成熟的 mRNA。

在原核生物中，转录和翻译不仅发生在同一个细胞空间里，而且这个过程几乎是同步进行的，蛋白质合成往往在 mRNA 刚开始转录时就被引发了。真核生物 mRNA 的合成和蛋白质合成则发生在不同的空间和时间范畴内。

3. 基因的翻译　遗传信息通过 mRNA 传递到蛋白质上，mRNA 与蛋白质之间的联系是通过遗传密码翻译来实现的，mRNA 每 3 个核苷酸翻译成蛋白质多肽链的一个氨基酸，这 3 个核苷酸称为密码（密码子）。翻译是从起始密码子 AUG 开始的，沿着 mRNA5′ 端到 3′ 端的方向连续阅读密码子，直至终止密码子（UAG、UAA 和 UGA）为止，生成具有特定序列的一条多肽链（蛋白质）。蛋白翻译的基本过程，包括氨基酸活化；肽链的起始、延伸、终止；新合成多肽链的折叠和加工。

(1) 氨基酸活化：蛋白质合成是以氨基酸模板作为基本原料，并且只有与 tRNA 相结合的氨基酸才能被准确地运送到核糖体，参与多肽链的起始合成或延伸，氨基酸必须在氨酰 –tRNA 合成酶的作用下生成活化氨基酸。

(2) 翻译起始：原核生物的起始 tRNA 是 fMet-tRNA^{fMet}，真核生物的起始 tRNA 是 Met-tRNA^{Met}，原核生物中 30S 小亚基首先与 mRNA 模板相结合，再与 fMet-tRNA^{fMet} 结合，最后与 50S 大亚基结合。而真核生物中，40S 小亚基首先与 Met-tRNA^{Met} 相结合，再与模板 mRNA 结合，最后与 60S 大亚基结合生成 80S mRNA。Met-tRNA^{Met} 起始复合物的生成除了需要 GTP 提供能量之外，还需要 Mg^{2+}、NH_4^+ 及 3 个起始因子（IF-1、IF-2、IF-3）。

原核生物翻译的起始：原核生物蛋白质翻译起始需要的分子组件包括 30S 核糖体小亚基、模板 mRNA、fMet-tRNA^{fMet}、IF-1、IF-2、IF-3、GTP、Mg^{2+}，以及 50S 核糖体大亚基。其中，30S 小亚基首先与翻译起始因子 IF-1、IF-3 结合，然后再通过 Shine-Dalgarno 序列（mRNA 中用于结合原核生物核糖体的序列，简称 SD 序列）与 mRNA 模板相结合。在 IF-2 和 GTP 的协助下，fMet-tRNA^{fMet} 进入小亚基的 P 位，tRNA 上的反密码子与 mRNA 上的起始密码子配对。带有 tRNA、mRNA、3 个翻译起始因子的小亚基复合物与 50S 大亚基结合，GTP 水解，翻译起始因子被释放。

真核生物翻译起始：真核生物蛋白质合成的起始机制与原核生物基本相同，其差异主要是核糖体较大，有较多的起始因子参与，其 mRNA 具有 m7GpppNp 帽子结构，Met-tRNA^{Met} 不甲酰化，mRNA 分子 5′ 端的"帽子"和 3′ 端的多（A）都参与形成翻译起始复合物。实验证明了帽子结构能促进起始反应，因为核糖体上有专一位点或因子识别 mRNA 的帽子，使 mRNA 与核糖体结合。

(3) 肽链延伸：与翻译起始不同，蛋白质延伸在原核生物和真核生物之间是十分相似的起始复合物生成，第一个氨基酸（fMet/Met-tRNA）与核糖体结合后，肽链开始延伸。按照 mRNA 模板密码子的排列，氨基酸通过新生肽键的方式被有序地结合上去，肽链延伸由许多循环组成，每加一个氨基酸就是一个循环，每个循环包括氨基酸 –tRNA（AA-tRNA）与核糖体结合，肽键生成和移位。以原核生物为例，具体过程如下。

AA-tRNA 与核糖体结合：起始复合物形成后，第二个 AA-tRNA 在延伸因子 EF-Tu 及 GTP 的作用下，生成 AA-tRNA·EF-Tu·GTP 复合物，然后结合到核糖体的 A 位点上。这时 GTP 被水解释放，通过延伸因子 EF-Ts 再生 GTP，形成 EF-Tu·GTP，进入新一轮循环。

肽链生成：经过上一步反应后，在核糖体 mRNA·AA-tRNA 复合物中，AA-tRNA 转移到 P 位点，与 fMet-tRNA^{fMet} 上的氨基酸生成肽键，起始 tRNA 在完成使命之后就离开核糖体 P 位点，A 位点准备接受新 AA-tRNA，进行下一轮合成反应。

移位：肽链延伸过程中最后一步反应是移位，即核糖体向 mRNA3′ 端方向移动一个密码子。此时，仍与第二个密码子相结合的肽酰 tRNA 从 A 位进入 P 位，去氨酰 –tRNA 被挤入 E 位，mRNA 上的第 3 位密码子则对应 A 位，EF-G 是移位所必需的蛋白质因子，移位的能量来自 GTP 水解。

(4) 肽链终止和释放：肽链延伸过程中，当终止密码子 UAA、UAG 或 UGA 出现在核糖体的 A 位时，没有相应的 AA-tRNA 能与之结合，而释放因子能识别这些密码子并与之结合，水解 P 位上多肽链与 tRNA 将其从核糖体上释放，核糖体大、小亚基解体，蛋白质合成结束。

(5) 蛋白质加工及折叠：新生的多肽链多数是没有功能的，必须经过加工修饰才能转变为有活性的蛋白质。这其中包括 N 端 fMet 或 Met 的切除、二硫键的形成、特定氨基酸的修饰、切除新生肽链的非功能片段和蛋白质空间构象的形成。新生多肽链一般先折叠成二级结构，然后再进一步折叠盘绕形成三级结构。对于单链多肽蛋白，三级结构已经具有蛋白质功能；对于寡聚蛋白质，需要进一步组装成为更复杂的四级结构，才能获得功能并表现出蛋白天然活性。表1-1展示了原核生物与真核生物在翻译过程中的一些差异性。

表1-1　蛋白质合成过程中原核生物和真核生物所需因子

翻译过程	原核生物所需因子	真核生物所需因子
氨基酸活化	氨酰-tRNA合成酶、ATP、Mg^{2+}	氨酰-tRNA合成酶、ATP、Mg^{2+}
肽链起始	起始密码子、SD序列、fMet-tRNA^{fMet}、IF-1、IF-2、IF-3、GTP、Mg^{2+}	起始密码子、Met-tRNA^{Met}、eIF-1、eIF-2、eIF-3、eIF-4、eIF-5、eIF-6、GTP、Mg^{2+}
肽链延伸 氨酰-tRNA结合 肽键形成 移位	EF-Tu、EF-Ts、GTP、K^+、肽酰转移酶、EF-G	EF-1α、EF-1β、GTP、肽酰转移酶、EF-2
肽链终止和释放	终止密码子、RF-1、RF-3、GTP	终止密码子、tRF、GTP
蛋白质加工及折叠	需要很多酶和辅因子	需要很多酶和辅因子

三、RNA 的种类及功能

RNA在基因翻译过程中的重要作用不言而喻，其是一类重要的活性元件，并且能够被其他RNA或蛋白质所调控。在基因翻译或者活性调控中，RNA所发挥的所有生物学活性都是与其自身碱基配对所形成的二级结构密不可分。在众多种类RNA中，信使RNA（messenger RNA，mRNA）、核糖体RNA（ribosomal RNA，rRNA）、转运RNA（transfer RNA，tRNA）及非编码RNA占主要地位。

（一）mRNA 结构与功能

双链DNA中只有一条核酸链可以被转录为RNA，这条RNA与双链DNA中的一条核酸链是一致的。在双链DNA中用于指导mRNA合成的DNA单链被称为模板链（template strand）或与mRNA互补的DNA/RNA链（反义链）；另外一条DNA单链是将mRNA中的尿嘧啶（U）替换为胸腺嘧啶（T）的相同DNA单链（编码链）。mRNA提供了承载所要合成蛋白质对应的遗传信息。mRNA最为显著的结构特征就是其核酸序列中每个核苷酸三联体组成的遗传密码子都对应一种氨基酸。

此外，由密码子串构成的编码序列两侧的 5′ 和 3′ 非编码序列依托其形成的空间构象在调控蛋白质合成过程中发挥重要的作用。与原核生物不同，真核生物的 mRNA 都是单顺反子，其 5′UTR 较短（通常小于 100 个碱基），ORF 的长度则由多肽链的长度决定，而 3′UTR 通常长度可达 1000 个碱基左右。

（二）rRNA 结构与功能

自然界中，无论是真核生物还是原核生物，rRNA 都是转录物中最主要的成分（占总 RNA 的 80%～90%）。rRNA 是核糖体的组成构件。不同物种含有的 rRNA 基因数目也不尽相同，例如，大肠杆菌含有 7 条、低等真核生物含有 100～200 条，而高等真核生物则可多达数百份拷贝。大 rRNA 和小 rRNA 基因通常呈串联状（酵母线粒体中 rRNA 基因除外）。这种串联状应该有利于大 / 小 rRNA 合成出来快速进行大小核糖体亚基的装配。rRNA 依赖其空间构象的结构性为核糖体蛋白相互结合提供了框架。同时，rRNA 也直接参与核糖体的各种活性，如催化肽键形成。

rRNA 核酸序列中无任何变异发生，这反映出每个 rRNA 基因所有拷贝均是相同的，至少也是其拷贝之间的变异程度远低于 rRNA 变异的可检测范围（不高于 1%）。rRNA 这种极其稳定的遗传特征也是科研人员研究的兴趣点，是何种机制在维持 rRNA 的高保守性？

以细菌为例，这些 rRNA 基因散布于染色质中。然而，真核生物含有的 rRNA 是以串联的形式出现的，由此在核仁中构成一个或数个基因簇（通常称为 rDNA）。细胞核内 rRNA 合成的区域有明显特征，即颗粒皮层包裹着纤维状核心。其中，纤维状核心是 rRNA 由 DNA 模板进行转录的地方；rRNA 随后组装形成核糖体蛋白体，构成了核仁外周的颗粒皮层，这个区域称为核仁。无论在原核生物还是真核生物的核仁中，成对 rRNA 都转录为单一 RNA 前体。然后，前体 RNA 剪接，释放出单个 rRNA 分子。原核生物的 rDNA 转录单元最短，而哺乳动物中的最长。哺乳动物中根据其沉降系数，将转录单位称为 45S RNA。rDNA 中包含多个转录单位，转录单位之间以非转录的序列分隔。其中每一转录单位都能够高效地进行相关转录活动，所以许多 RNA 聚合酶同时参与到重复序列单位的转录中。

非转录间隔（nontranscribed spacer）序列的长度与 rDNA 的分布密切相关，其能够反映出种间的遗传差异。研究发现，位于同一条染色体上的一个串联基因簇内的重复序列单位随着物种的改变而有较大变化。例如，黑腹果蝇（*D. melanogaster*）中不同重复序列单位之间的间隔序列长度有些可相差 2 倍之多，并且 X 染色体上的基因簇长于 Y 染色体上的基因簇，导致雌性个体具有更多的 rRNA 基因拷贝。而酵母的非转录间隔序列较短，并且长度相对固定。与其他低等真核生物不同，哺乳动物中重复序列单位则长得多，其包括 13kb 的转录单位和 30kb 的非转录间隔序列，这些基因分布于几个散在的基因簇中，例如，小鼠和人类分别位于第六号和第五号的染色体上。鉴于 rRNA 的高度保守性，何种机制能够同时介导几个不同的基因簇在转录过程中使 rRNA 合成序列高度保守，这也是相关领域的一个研究热点。与同一个基因簇内非转录间隔序列长度变化的不确定性相比，rDNA 所转录合成的 rRNA 却高度保守。深入分析发现，虽然非转录间隔序列变化很大，但其长度的变化就只由其重复碱基数目的不同造成的。目前比较受认可的观点是，rRNA 高度保守反映出一种特定遗传选择压力对单个突变体都是十分敏感的。由于基因复制是突变的主要遗传动力，那么基因复制同样可以减弱选择压力对 rRNA 保真性的影响。既然通过基因复制可以获得完全相同的拷贝，即使某一份拷贝发生突变，生物体也可以依赖另一份拷贝翻译合成功能正常的蛋白产物。因此，在 rDNA 基因复制中，遗传选择压力对原有基因的监控作用就分散到了拷贝基因上，直到其中一份拷贝发生足够多的突变使其失去原有功能时，选择压力才又完全集中于另一条基因拷贝上。

（三）tRNA 结构与功能

tRNA 是一类小 RNA，其主要功能是输送特定氨基酸到相应 mRNA 的密码子上。tRNA 最重要的特点就是特殊的二级结构（三叶草结构），以及与其他种类 RNA（如 mRNA）进行碱基配对的能力。所有的 tRNA 都拥有相似的二级和三级构象，并且这些空间构象与其互补碱基对形成了单链茎环结构从而形成 tRNA 的臂相关。如图 1-1 所示，三叶草状的二级结构主要包含四个臂状茎环结构［即反密码子臂（anticodon arm）、TΨC 臂、接受臂（acceptor arm）、D 环（D 臂）］及额外臂（extra arm）。其中，反密码子臂在其环中央含有反密码子核苷酸三联体；TΨC 臂最主要的特征就是含有假尿嘧啶（Ψ）成分；接受臂由 tRNA 内部碱基配对形成茎环结构，并且在 3′ 端暴露出为碱基配对的单链核酸序列，其 2′ 或 3′ 羟基能与氨基酸相连；D 环主要特征是含有二氢尿嘧啶（tRNA 中的修饰碱基）成分；额外臂处于

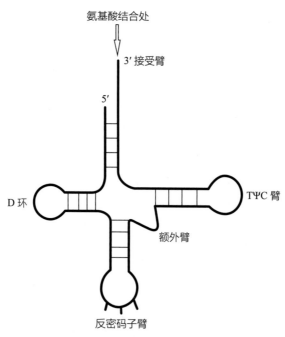

▲ 图 1-1 tRNA 结构的双重性（同时特异性识别密码子与氨基酸）。反密码子能与 mRNA 中密码子配对，3′ 端的腺苷酸能与特定氨基酸共价连接

反密码子臂和 TΨC 臂之间，由 3~21 个碱基组成。

tRNA 长度范围为 74~95 个碱基，额外臂和 D 环的结构变化会直接影响 tRNA 全长的改变。在形成 tRNA 各种臂环结构的过程中，多数碱基是遵循 GC 或 AU 碱基配对的，但偶尔也会出现 AΨ、GΨ 及 GU 碱基配对。这些非常规碱基配对与正常配对相比稳定性较差，但仍然可以在 RNA 中形成双螺旋结构。将不同种类 tRNA 核酸序列进行比对，一些特定位点上的碱基是保守的，而有些位点的碱基呈现出"半保守"遗传特征（碱基替换只发生在同类碱基之间，嘧啶或嘌呤），但每类碱基的各种变化都可能存在。当 tRNA 携带与其相反密码子对应的氨基酸时，称为氨酰 –tRNA（aminoacyl-tRNA）。在氨酰 –tRNA 合成酶（aminoacyl-tRNA synthetase）的催化作用下，tRNA3′ 端碱基（通常为腺嘌呤）的 2′ 或 3′– 羟基形成酯键而连接。自然界中，至少有 20 种氨酰 –tRNA 合成酶，每一种酶能够特异性对应与 tRNA 结合的氨基酸。反之，每一种氨基酸至少对应一种 tRNA，甚至对应多种 tRNA。实验证明，当 tRNA 与氨基酸结合，氨基酸将不再影响 tRNA 的特异性，也就是说特异性只取决于反密码子与 mRNA 中特定密码子的结合。

tRNA 的三级结构主要与其二级结构中不配对的碱基之间形成氢键有关。许多保守或半保守的碱基都与三级结构中氢键的形成有关，这一定程度上也反映出遗传压力迫使相应碱基的保守或半保守性。tRNA 二级结构中碱基配对形成的茎环直接影响着其三级结构的空间构象，其三级结构呈现出彼此相互垂直的两个双螺旋构象。TΨC 臂与接受臂形成具有沟壑的连续双螺旋构象。反密码子环与 D 环形成另一个连续的双螺旋，同时也具有沟壑。两个双螺旋之间，即 L 形的拐弯处包含 D 环和 TΨC 臂，所以氨基酸残基出现在 L 型某一臂的末端，反密码子环则形成另一末端。

（四）非编码 RNA 结构与功能

非编码 RNA 最主要的生物学特征就是不直接参与蛋白质表达，而是通过与特定蛋白结合，或者与 mRNA 结合来对蛋白质表达进行调控。除了常见的 rRNA 和 tRNA 外，其种类还包括核仁小 RNA（small nucleolar RNA，snoRNA）、核内小 RNA（small nuclear RNA，snRNA），以及微 RNA（microRNA）等多种已知功能的非编码 RNA。按照 RNA 序列的长度，非编码 RNA 也可以分为三类：①小于 50nt 的 RNA，包括 siRNA、microRNA 等；② 50～500nt 的 RNA，包括 tRNA、rRNA、snRNA、snoRNA 等；③大于 500nt 的 RNA，包括 mRNA 样非编码 RNA 和未连接 poly(A) 尾的非编码 RNA 等。

1. lncRNA　长非编码 RNA（long non-coding RNA，lncRNA）通常由 pol Ⅱ 或 pol Ⅲ RNA 聚合酶转录合成。虽然 lncRNA 不含有 ORF 且不具有编码蛋白质的能力，但是有些 lncRNA 具有类似于 mRNA 的核酸序列特征 [5′ 甲基化帽状结、3′ 端 poly(A) 尾、外显子、内含子及不同剪切位点等]。参照 mRNA 序列结构特征分类，lncRNA 核酸序列可分为五类：①基因间 lncRNA，源于两个编码序列基因之间的转录 RNA；②双向 lncRNA，源于编码基因的两条反向互补链的转录 RNA；③内含子 lncRNA，源于编码基因中内含子序列的转录 RNA；④正义 lncRNA，源于编码基因正义链的转录 RNA；⑤反义 lncRNA，源于编码基因反义链的转录 RNA。

随着基因组测序技术的不断更新换代，数以万计的 lncRNA 被逐一发现，并且发现这些 lncRNA 在生命的不同阶段均发挥着重要的调控作用，如转录调控、翻译调控、细胞核亚结构的影响、表观遗传的影响及 microRNA 网络调控等。其生物学功能主要表现在 lncRNA 依靠顺式作用，或者反式作用于 DNA、RNA 或蛋白质，从而发挥相关生物学功能。例如，在 RNA 的转录过程中，lncRNA 和多种转录因子在转录调控方面表现出很严格的时序性，可以影响靶基因的翻译活性。lncRNA 在基因表达调控中的分子机制主要体现在 lncRNA 能够与靶基因上游启动子特异性结合，从而通过"位阻"效应来阻遏 RNA 聚合酶与启动子的特异性结合，最终导致基因表达水平降低。除了 lncRNA 与启动子结合，其还能与 mRNA 序列碱基互补配对来形成 RNA-RNA 二聚体，从而掩盖 mRNA 序列中的顺式作用元件，以此实现对转录后剪切、拼接和翻译等过程的调控。

2. **短非编码 RNA** 短链非编码 RNA（small non-coding RNA）主要参与细胞增殖、凋亡、分化、代谢及免疫在内的绝大多数生命活动。其中，微 RNA（microRNA，miRNA）及小干扰 RNA（small interfering RNA，siRNA）相关研究较多。

miRNA 在生物体内产生过程较为复杂，在多种辅助蛋白及酶的参与下，进行 RNA 双链变为 RNA 单链、从长链到短链、从细胞核转移至胞质中等过程。在细胞核内，RNA 聚合酶将 miRNA 基因转录为长度超过 1000nt 并具有茎环结构的初始转录本（pri-miRNA）。在核酸内切酶 Drosha 作用下，pri-miRNA 断裂为长度在 65nt 左右，并具有茎环结构的前体 miRNA（pre-miRNA）。细胞核转出蛋白 5 将 pre-miRNA 从细胞核中转运至胞质中，并由 Dicer 酶将茎环结构部分切除，形成长度为 21～23nt 的双链 RNA。在胞质中，双链 RNA 在解旋酶作用下解旋变为两条单链，并且导向链（guide strand）与 Ago2 等蛋白结合，形成 RNA 沉默复合物，从而发挥基因表达调控的作用。几乎所有 miRNA 对靶基因表达调控均呈现负调控，并且主要通过与目的 mRNA 的 3′UTR 进行不完全互补配对来实现的。

siRNA 与 miRNA 结构特点类似，但是能够与 mRNA 某段序列完全实现碱基互补配对，从而引发 mRNA 的降解。siRNA 在胞质中与 Ago2 等蛋白结合后，将 siRNA 中两条链解旋，然后正义链降解，反义链释放，最终形成 RNA 诱导基因沉默复合体。当 RNA 诱导基因沉默复合体与 mRNA 结合后，siRNA 与 mRNA 某段结合部分将被 Ago2 蛋白特异性降解，此过程中反义链模板 siRNA 不会被破坏，可进行下一轮互补配对，从而进入下一轮 mRNA 降解循环。siRNA 主要的生物学意义在于能够高效抑制异常，或者外源基因在细胞中的表达，从而维持机体遗传物质稳定性。很多疾病的发生是与某些基因异常或过度表达相关，而依靠 siRNA 将目标 mRNA 降解是实现基因沉默治疗的有效手段。

四、核糖体

核糖体（ribosome）是细胞质中由 rRNA 和数十种核糖体蛋白亚基组成的一种核糖核蛋白颗粒，其功能是依照 mRNA 所含有的遗传密码排列信息来转换为氨基酸序列，被称为蛋白质合成的分子机器。核糖体可分为真核生物核糖体、原核生物核糖体、线粒体 / 质体核糖体、膜结合核糖体及游离核糖体。不同物种的核糖体虽然有大小差异，但是其核心结构特征具有高度的相似性。

（一）核糖体的结构特征

在评判核糖体大小时，研究人员将沉降系数（单位，S）引入。沉降系数代表的是离心时核糖体亚基的沉降速率而非大小，即大的沉降系数表示更快的沉降速率，以及具有更大的质量。原核生物的核糖体沉降系数一般是 70S，而高等生物的核糖体质量较大，沉降系数是 80S。核糖体是由两个大小亚基组成的核糖核蛋白颗粒，每个亚基均含有一个 RNA 组件作为骨架来结合不同蛋白质。在含有一定浓度 Mg^{2+} 时，大小亚基结合成为完整的核糖体；反之，当 Mg^{2+} 降低时，核糖体解离为大小亚基。原核生物核糖体（70S）的大亚基沉降系数为 50S，而小亚基为 30S；真核生物核糖体（80S）的大亚基沉降系数为 60S，而小亚基为 40S。大小亚基作为核糖体的组成构件协同运作，在多肽合成中负责自身特定的酶促反应。如图 1–2 所示，完整的核糖体能够为 mRNA 的遗传密码子与 tRNA 的反密码子提供相互识别的微环境，通过阅读连续的核苷酸三联体来实现蛋白质合成。在核糖体沿着 mRNA 移动时，新生多肽链的合成是从 N 端向 C 端逐一添加氨基酸来实现的。任何情况下，核糖体凭借其特有的空间构象能容纳与连续密码子相对应的两个氨酰 –tRNA，这使得相应两个氨基酸之间能够顺利形成肽键。

（二）翻译起始因子

翻译过程中，翻译起始环节对于最终蛋白质的合成至关重要。在翻译起始过程中，多种翻译起始因子参与其中。原核生物中有三种翻译起始因子，分别称为 IF-1、IF-2 和 IF-3，均在 mRNA 和 tRNA 进入起始复合物时作用。IF-1 只能作为完整起始复合体的一部分，与 30S 亚基结合。它结合在 A 位点，能阻止氨酰 –tRNA 的进入。其定位还可能阻止核糖体 30S 小亚基与 50S 大亚基的结合。IF-2 结合一种特定

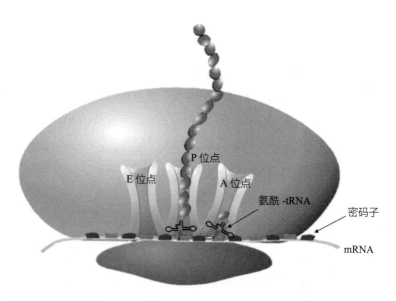

▲ 图 1-2 核糖体、mRNA 与 tRNA 三者之间在蛋白表达中的关键简图

翻译起始的 tRNA，并引导其进入核糖体。IF-2 具有核糖体依赖的 GTP 酶活性，并协助核糖体对 GTP 进行水解来释放高能磷酸键的能量。当 50S 大亚基与复合物集合形成结构完整的核糖体后，GTP 就被水解。其中，核糖体空间构象的改变会影响 GTP 的水解效率，从而介导核糖体大小亚基顺利转化为具有功能活性的 70S 核糖体。IF-3 协助核糖体 30S 小亚基与 mRNA 上翻译起始位点的特异性结合。其中，IF-3 对于稳定游离的核糖体 30S 小亚基及影响其游离的浓度至关重要。IF-3 最主要的功能就是调节不同状态之间的平衡。当核糖体 30S 小亚基从游离的完整的 70S 核糖体中游离出来，就会与 IF-3 特异性结合。此外，IF-3 的次要功能就是控制 30S 小亚基与 mRNA 有效结合。核糖体小亚基必须有 IF-3 的参与才能与 mRNA 组成复合物，但是若使 50S 大亚基与此复合物结合，则 IF-3 必须从 30S 小亚基–mRNA 复合物上解离下来。游离的 IF-3 会马上寻找其他的 30S 小亚基，从而进入下一轮循环。

与原核生物相比，真核生物拥有更多的翻译起始因子，已发现 12 种直接或间接参与翻译起始所需要的蛋白因子。在翻译起始的各个阶段，不同起始因子发挥着如下作用：①与 5′ 端的 mRNA 构成翻译起始复合体；②与 Met-tRNA 构成复合物；③使 mRNA–转录因子复合体与 Met-tRNAᵢ 转录因子复合物结合；④确保核糖体从 5′ 端扫描 mRNA 遇到第一个 AUG 密码子；⑤在翻译起始位点监测起始密码子 AUG 与 tRNA 起始子（氨甲酰甲硫氨酰–tRNA）特异性结合；⑥介导 60S 大亚基与 40S

小亚基的组装。其中，翻译起始因子 eIF-2 和 eIF-3 能够结合到核糖体 40S 小亚基上，eIF-4A、eIF-4B 和 eIF-4F 能够结合到 mRNA 上，eIF-1 和 eIF-1A 可以结合到核糖体亚基 –mRNA 结合复合物上。其中，eIF-4F 是由 5′ 甲基化帽 – 结合亚基 eIF-4E、解旋酶 eIF-4A 和起到"脚手架"作用的 eIF-4G 构成。eIF-4E 与 5′ 甲基化帽结合后，eIF-4A 借助 ATP 水解获得能量后发挥解旋酶活性，将 mRNA 前 15 个碱基形成的二级结构解开。之后，eIF-4A 和 eIF-4B 进一步对 mRNA 其余碱基形成的二级结构进行解旋，使得核糖体能够通过牵拉线性 mRNA 进行相关多肽链的翻译。

（三）翻译延伸因子

遗传密码子串是组成 mRNA 的主要部分，其能与氨酰 –tRNA 的反密码子结合，进而指导氨基酸按照遗传密码子的排列顺序装配到肽链中。核糖体给予了 mRNA 与氨酰 –tRNA 之间结合的微环境，就像一个微型移动工作站，沿着 mRNA 模板移动，进行快速的肽键合成循环。氨酰 –tRNA 快速进入核糖体 A 位点与遗传密码子结合，然后易位于 P 位点，将氨基酸加入新生多肽链，然后新生多肽链易位于 E 位点与核糖体解离。在此过程中，翻译延伸因子（elongation factor，EF）周期性地结合、离开核糖体。伴随这些翻译延伸因子的作用，核糖体就具备了完成多肽合成的全部生化活性。翻译延伸因子是能够促进多肽链延伸的一类蛋白因子。在原核生物和真核生物中，EF 的种类和大小是有差别的。

在原核生物中，EF 有三种，即热不稳定延伸因子（elongation factor thermo unstable，EF-Tu）、热稳定延伸因子（elongation factor thermo stable，EF-Ts）和延伸因子 G（elongation factor G，EF-G）。其中，EF-Tu 与 EF-Ts 特异性结合构成 EF-T 翻译延伸复合物，但是当 EF-T 与 GTP 结合后可以再次将 EF-Ts 与 EF-Tu 分离。EF-Ts 是 EF-Tu 的鸟苷酸交换因子，可以催化与 EF-Tu 结合的 GDP 转变为 GTP，并且重新构成 EF-Tu 和 EF-Ts 复合体。EF-G 通过水解 GTP 获得能量来执行转位酶的活性，使核糖体沿 mRNA 向下移动一个密码子，催化核糖体 A 位中的肽酰 –tRNA 进入 P 位，使 A 位再次空置。

上述过程与真核生物翻译延伸因子参与核糖体蛋白翻译相似。此外，EF-Tu 在原核生物和真核生物的线粒体中具有高度保守性，其在真核生物中有同源性。在真核生物体内，真核翻译延伸因子（eukaryotic translation elongation factor，eEF1A）的含量仅次于肌动蛋白位列第二，包括两大类（eEF1 和 eEF2）。eEF1 的生物学活性对应 EF-Tu 和 EF-Ts，而 eEF2 的活性特征与 EF-G 类似。在真核生物体内，eEF1α 因子能够将氨酰 –tRNA 转移至核糖体，此过程同样需要 GTP 高能磷酸键的水解断裂来供给能量。当 GTP 水解变为 GDP 后，需要 EF-Tu 同源类似物 eEF1βγ 因子的参与才能实现。而真核生物中与 EF-G 同源的延伸因子是 eEF2 蛋白，两者功能接近，都是依赖 GTP 水解高能磷酸键提供能量来实现易位酶（translocase）的活性。

（四）蛋白质翻译的主要过程

蛋白质合成过程可分为翻译起始（translation initiation）阶段、翻译延伸（translation elongation）阶段、翻译终止（translation termination）阶段。翻译起始相关的生化反应发生在多肽链最初两个氨基酸形成肽键之前。翻译起始需要核糖体小亚基结合到 mRNA 特定的序列区域，然后与核糖体大亚基 50S 结合，构建一个包含氨酰 –tRNA 的起始复合物。翻译起始阶段的相关生化反应通常速度较缓慢，这也很大程度上决定了 mRNA 的翻译速率。几乎所有蛋白质的合成均由甲硫氨酸开始。多肽链形成的起始信号就是一个位于 ORF 开始的特定遗传密码（AUG），然而原核生物也可能以 UUG 或 GUG 来起始翻译。翻译延伸包括从第一个肽键合成到连接最后一个氨基酸的全部生化反应过程。氨基酸逐一加入新生多肽链 C 端的速率也是所有反应中最快的。在翻译延伸过程中，mRNA 沿着核糖体移动，并按照三联体密码子的顺序将对应氨基酸串联起来，但实际是核糖体将 mRNA 牵引而穿过核糖体。

翻译终止包括释放翻译完成的多肽链，与此同时，核糖体从 mRNA 链上解离为大小亚基，并等待被再次利用。翻译终止可分为两个环节，即翻译终止需要从最后一个肽酰 –tRNA 上释放肽链及终止后将 tRNA 和 mRNA 从解离的核糖体大小亚基中释放。在上述三种翻译环节中，每一步均需要一些辅因子的参与，不同蛋白质合成阶段的能量则由 GTP 水解高能磷酸键来获得。

五、蛋白质空间构象的形成

蛋白质空间构象决定了蛋白质的生物学活性。形成具有天然活性的蛋白质需要通过大量的非共价力（如氢键、疏水力、配位键和范德华力）来实现。此外，二硫键在一些蛋白质（尤其是分泌性蛋白质）空间构象的形成过程中也发挥着关键作用。

随着 X 线衍射技术、冷冻电镜技术、磁共振技术等的发展和应用，不断提高着蛋白质空间构象折叠特性相关研究的精确性。

（一）蛋白质构象的种类及功能

蛋白质空间构象大体可分为四级：①一级结构指构成蛋白质的氨基酸序列；②二级结构指不同氨基酸之间通过羧基和氨基之间形成氢键的稳定空间构象，如 α 螺旋、β 折叠、β 转角和无规卷曲；③三级结构是指基于多个二级结构单位在三维空间排列的空间构象特征；④四级结构是指由不同多肽链（亚基）间相互作用形成具有功能的蛋白质复合体。

超二级结构（supersecondary structure）的形成是因为多肽链氨基酸序列彼此邻近的二级结构由于空间折叠接近而发生互作效应，形成规则的二级结构聚集体。超二级结构有三种主要形式，包括 βαβ 组合、α 螺旋组合（αα）及 β 折叠组合（βββ）。此外，结构域（domain）是指在较大蛋白质中，由于相邻超二级结构紧密互作，形成 2 个或多个在空间构象上可以明显与其他蛋白质亚基结构相区别的空间构象。这些超二级结构和结构域可以作为蛋白质三级结构的结构组成单元，处于二级结构与三级结构之间的一个层次。

（二）分子伴侣在蛋白质折叠中的作用

在蛋白质折叠过程中，有些蛋白质可通过自我组装（self-assembly）的模式形成正确空间构象来发挥其天然的生物学功能。当一些蛋白质无法通过自我组装来形成正确空间构象时，分子伴侣（chaperone）就会参与其空间构象形成的过程。分子伴侣可以介导新生多肽链正确折叠，从而阻止多肽链由于折叠失误而无法发挥天然生物学功能。同时，分子伴侣也具有鉴别发生错误折叠蛋白质的能力，这也使得分子伴侣具有两种与纠正蛋白质空间构象形成的能力：①当新生多肽链解离出核糖体进入胞质时，"松散"多肽链与已经合成的蛋白质区域互作而发生构象折叠，分子伴侣可以通过控制新生多肽链与蛋白质活性表面的可接触性来指导折叠的准确性；②当蛋白质变性时，新生区域会暴露并可与其他区域互作而短暂地发生错误折叠。此时，分子伴侣会识别变性的蛋白质，并协助发生短暂错误折叠的蛋白质进行复性或引导其降解。常见的两种分子伴侣是 Hsp70 系统（包括 Hsp70、Hsp40 和 GrpE 蛋白），以及由一个很大的寡聚复合物构成的伴侣蛋白系统（chaperonin system）。

（三）包涵体形成的因素

基因表达过程中，新生多肽链在折叠过程中受到外界因素的干扰，则会发生一些不可逆的错误性折叠，导致表达蛋白质无生物学活性。这方面在大肠杆菌表达外源基因领域中尤为突出。大肠杆菌在高效表达外源基因的过程中，若多肽链在折叠过程中出现错误，则很大程度上会形成包涵体（inclusion body，IB）。IB 是指在某些生长条件下，大肠杆菌体内积累了外源大分子物质后，其通过被膜进行包裹而致密地聚集在菌体内的结构。因为 IB 中蛋白质几乎都失去原有的空间构象，并且彼此之间致密聚集成颗粒状，因此难于溶解在水溶液中，只能在高浓度变性剂（常用的有尿素和盐酸胍）溶液中才能裂解 IB，使蛋白质线性化。IB 基本上都是由蛋白质构成，其中约 50% 以上是外源基因表达蛋白，这些蛋白具有正确的氨基酸序列，但往往空间构象是错误的，导致蛋白质无生物学活性。事实上，IB 广义上是存在于原核生物和酵母等较为低等生物中的。IB 形成的因素主要是外源基因表达过程中缺乏某些多肽链折叠的辅因子、表达菌环境刺激及表达速率过快而无法形成正确的次级键。例如，内源基因若表达过快，也会由于无法及时正确形成空间构象（二硫键不能正确形成及蛋白之间非特异性结合等）而聚集成为 IB。由于大肠杆菌中缺乏一些真核生物中的分子伴侣等辅因子或协助多肽链折叠的酶类物质，这也会很大程度上使外源基因表达出 IB。此外，在细菌分泌的某个阶段，蛋白质分子之间的共价键、配位键、氢键及疏水键等化学作用导致了 IB 的形成。影响 IB 形成的因素有很多，其中最主要的有以下几点：①温度；②基因表达速率；③细菌的遗传性状；④外源蛋白氨基酸序列特殊性；⑤基因突变导致蛋白生物活性改变。虽然 IB 形式的蛋白无活性也无正确的空间构象，但是 IB 形式的重组表达蛋白在实际生产方面也有些可取之处，即 IB 形式的蛋白具有高度聚集性，易于纯化分离，有效防止菌体对外源蛋白的降解，降低外源蛋白对菌体的毒性作用。

（四）蛋白质错误折叠与疾病的关系

新生多肽链所发生的错误折叠往往与细胞内结构因素、环境因素和基因表达过程导致的集聚关系密切。当翻译后的细胞对蛋白产物质量控制机制失效后，将会使蛋白质在单分子水平上发生不可逆性的错误折叠或翻译过程提前终止。而错误折叠的蛋白质会导致非正常生物活性产生，严重时可导致疾病发生（被称为"构象"病或"折叠"病）。目前，人纹状体脊髓变性疾病（Creutzfeld-Jakob disease，CID）、神经变性蛋白病（neurodegenerative proteinopathies）、淀粉样蛋白质病（systemic amyloidoses）、阿尔茨海默病（Alzheimer disease，AD）、帕金森病（Parkinson disease，PD）、亨廷顿病（Huntington disease，HD）、肌萎缩性脊髓侧索硬化症（amyotrophic lateral sclerosis，ALS）及牛海绵状脑病（bovine spongiform encephalopathy，BSE）均是由于蛋白质构象改变而发生蛋白质淀粉样沉积导致的。

第2章 同义密码子使用模式的基本概念

一、同义密码子的遗传学基础

（一）遗传密码子的概念及理化特征

遗传密码子是由三个核苷酸构成的遗传学单位，构成密码子的核苷酸三联体不互相重叠，并且从固定的翻译起点进行翻译阅读。当密码子的三联体核苷酸内部有单个碱基插入或缺失时，能够造成突变位点后的密码子序列发生移码现象。然而，当3个碱基或3的倍数的碱基插入密码子之间，只是造成新氨基酸的添加或原有氨基酸的缺失。基因序列与对应氨基酸序列之间的内在联系被称为遗传密码（genetic code）。遗传密码以核苷酸三联体为翻译单位，每个遗传密码子对应一种氨基酸。自然界中存在64种遗传密码子，每个遗传密码子在基因表达中都有其特定的遗传信息，其中61个遗传密码子对应特定氨基酸，还有3个遗传密码子可以终止基因的表达。基因含有连续的密码子串，从固定的翻译起始点（通常是ATG）向另一端的阅读延伸，因此不能在密码子串的任意一点开启翻译表达。编码相同或相似氨基酸的密码子在mRNA序列上通常趋于相似。遗传密码子的第三个碱基位置通常被认为不是很重要的位置，这个结论是基于有4个编码相同氨基酸的遗传密码子之间的差别仅仅是在第3位上。有时候遗传密码子第3位上的不同仅仅是由嘧啶或嘌呤之间的不同造成的。遗传密码子第3位碱基特异性降低的遗传现象被称为遗传密码子第3位碱基的简并性（third-base degeneracy）。

遗传密码子所携带遗传信息需要与对应氨酰-tRNA反密码子环在核糖体内部配对来体现。单独的核苷酸三联体密码子不能稳定地与氨酰-tRNA反密码子环配对，这需要核糖体A位点提供一个密码子与反密码子稳定配对的内环境。密码子与反密码子之间碱基配对不完全遵循Watson-Crick配对原则。核糖体提供的环境使前两个碱基按照Watson-Crick原则进行配对，而第3位碱基允许发生其他配对反应。因此，一种氨酰-tRNA可识别不止一种的遗传密码子，这也反映出遗传密码子的简并性。

碱基配对反应也会受到 tRNA 上所导入的特定碱基的影响，尤其是反密码子中被修饰的碱基或靠近反密码子的碱基。已经对不同基因序列所表达的氨基酸序列进行对比分析，发现无论是原核生物还是真核生物，也无论是低等生物还是高等生物的细胞，它们均共享同一套遗传密码子库。因此，理论上某个物种的 mRNA 导入另外物种的细胞中会被相应的翻译系统正确翻译。也就是说，一个物种 mRNA 使用的密码子可被另一个物种的核糖体和 tRNA 正确识别。此外，相似的密码子、编码相似的氨基酸，这种遗传特性能够降低突变带来的变异风险。这使单个碱基的随机变化不会引起氨基酸替代或替代为性质相似氨基酸的概率增高。例如，编码亮氨酸的密码子 CUU 若突变为编码异亮氨酸的 AUU，则由于两种氨基酸性质相似而不会明显影响蛋白质的生物学功能。若编码亮氨酸的 CUC 突变为 CUG，则更不会对蛋白质的性质有任何影响，因为两个密码子能够编码同种氨基酸（亮氨酸）。

（二）同义密码子与核苷酸 / 氨基酸之间的关系

在 DNA 序列中，一个由可以翻译合成连续氨基酸序列的密码子串可视为一个可读阅读框，即开放阅读框。ORF 最显著的遗传学特征就是具有一个特定的翻译起始密码子（AUG），由此遗传密码子延伸出一系列代表氨基酸的核苷酸三联体，直至遇到三种终止密码子（UAG、UAA 和 UGA）而结束蛋白质的翻译。

遗传密码子库的通用性反映出其在生物早期进化过程中就已经被建立和完善。一种遗传猜想是，最初遗传密码子来源于一种原始形式：少量遗传密码子用来编码相对少量的氨基酸，甚至可能一种遗传密码子能够对应多种氨基酸。随着生物不断进化发展，遗传密码子在选择压力的推动下表现出更精确的翻译动力学。但是，遗传密码子的通用性也并非绝对的，只是遗传特例很少见，并且与翻译起始和终止相关。其本质原因与发生特例的遗传密码子对应的特定 tRNA 的缺失或产生相关。例如，支原体（mycoplasma capricolum）利用 UAG 来编码色氨酸而非用于终止翻译。其原因是支原体含有两种特殊的 Trp-tRNA，一种反密码子是 UCA 可识别 UGG 和 UGA，而另一种反密码子 CCA 只能识别 UGG。支原体主要利用 UAG 来编码 Trp，偶尔利用 UGG 来编码 Trp。作为单细胞原生动物，嗜热四膜虫（tetrahymena thermophila）能够利用 UAG 和 UAA 编码谷氨酸，而非利用其终止翻译；八肋游仆虫（euplotes octocarinatus）无法合成 UAG 密码子，而 UGA 密码子可以编码半胱氨酸，因此只能利用 UAA 密码子作为终止翻译的信号。念珠菌（Candida）通常利用 CUG 密码子来编码丝氨酸而非亮氨酸。

同义密码子的发现为深入研究 tRNA 与遗传密码子配对的相关遗传机制提供了更为可信的依据。根据密码子第 3 位碱基摆动假说，识别所有常规的 61 种密码子（不含翻译起始密码子）至少需要 31 种 tRNA（每个同义密码子家族至少对应 2 种 tRNA，而每个密码子对至少对应 1 种 tRNA）。然而，至少在脊椎动物中存在着不同寻常的情况，只存在 22 种不同种类的 tRNA。那么，有限的 tRNA 是如何准确识别特定同义密码子的呢？其背后隐藏的遗传机制是，高等动物将 tRNA 反密码子与 mRNA 同义密码子之间的配对简化了，即一种 tRNA 能够与一个同义密码子家族（synonymous codon family）的全部 4 种密码子配对。这就使识别同义密码子的最少 tRNA 的数量降低为 23 种，并且 AGA 和 AGG 用于终止又减少了对一个 tRNA 的需求，使之 tRNA 的数量降低为 22 种。目前，22 种已经鉴定的 tRNA 中有 14 个识别 14 种密码子对，另外有 8 个识别 8 个同义密码子家族的成员（每个家族含有 4 种同义密码子）。因此，64 个密码子中还剩下 2 个无法由 tRNA 识别的终止密码子 UAG 和 UAA，以及密码子对 AGA 和 AGG。

（三）同义密码子使用模式的概念及分析方法

mRNA 中遗传密码子所承载的遗传信息可视为"中心法则"顺利运行的关键环节之一，这最终决定着功能蛋白质发挥其正确生物活性。每种氨基酸至少对应一个遗传密码子，而最多可以拥有 6 种同义密码子。然而，自然界中的所有生物体在漫长的遗传进化中逐步形成了具有物种特异性的同义密码子使用偏嗜性（synonymous codon usage bias）。20 世纪 60 年代末，同义密码子使用模式是归属于"选择压力进化理论"还是"中性进化理论"的讨论激烈。原有观点认为，自然选择压力主要作用于蛋白的氨基酸序列，而同义密码子使用模式的改变并未对蛋白质一级结构有明显的实质性损害，因此同义密码子使用模式改变一度被认为是中性进化理论的组成部分。然而，随着基因组学与转录组学研究的深入，科研人员逐渐接受了同义密码子使用偏嗜性是广泛存在于生物体之间，甚至是不同基因之间的。因此，同义密码子使用模式作为一个独立的研究领域不断开疆扩土，进而衍生出很多与同义密码子使用模式相关的概念和遗传参数。

1. GC 含量　GC 含量（GC composition）主要反映的是 ORF 中含有鸟嘌呤和胞嘧啶的成分比例，如总含量用 GC% 表示，密码子第 1 位和第 2 位 GC 的含量用

$GC_{12}\%$ 表示，以及密码子第 3 位 GC 含量用 $GC_3\%$ 表示。鉴于密码子第 3 位 GC 含量对于整体同义密码子使用模式影响显著，因此在很多与同义密码子使用模式相关分析策略中均会考虑到 $GC_3\%$。此外，在研究双链 DNA 前导链和滞后链分别携带基因的 GC 含量变化的过程中，依托 GC skew 计算策略，即 GC skew=(G−C)/(G+C)，研究人员对原核生物基因组进行相关分析后，发现 GC skew 参数变化可以预测基因组复制原点的位置所在。如图 2−1 所示，大多数原核生物基因组的复制原点是位于 GC skew 变量处于 0 的位置附近。

GC 含量在 ORF 中的改变对同义密码子使用模式的影响很大。有学者认为，由于 GC 含量在基因组中分布的非对称性，这会影响 DNA 损伤后的修复，并且以 G 或 C 结尾的同义密码子更倾向于被复制原点附近的基因选择使用，而 A 或 T 结尾的同义密码子更倾向于被位于基因组复制末端的基因选择使用。

2. 相对同义密码子使用指数 相对同义密码子使用指数（relative synonymous codon usage value，RSCU）是最广泛用于评测特定基因，或者基因组中每个同义密码子使用偏嗜性。计算公式如下。

$$RSCU = X_{ab} \Big/ \sum_{b}^{n_a} X_{ab}$$

其中，X_{ab} 代表的是第 b 个氨基酸相应的第 a 种同义密码子的实际观测数值，n_a

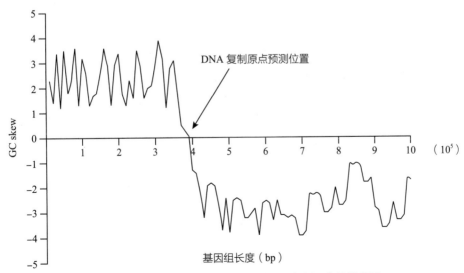

▲ 图 2−1 **GC skew 预测原核生物基因组复制原点的模式图**

GC skew 由基因组每 1000 个碱基长度为计算单位进行计算，当 GC skew 数值在 0 为分界线的区域进行改变，此区域理论上是基因组复制的原点

代表特定氨基酸具有的同义密码子数目（2 个、3 个、4 个或 6 个）。当计算获得的 RSCU 数值＞ 1.0，说明对应的同义密码子编码特定氨基酸时是被优先选择的；反之，RSCU 数值＜ 1.0，说明对应的同义密码子所编码特定氨基酸时是被尽量避免选择的。若 RSCU 值 =1.0，则说明相应的同义密码子是被氨基酸中性选择的（无使用的偏嗜性）。

3. **密码子适应指数** 密码适应指数（codon adaptation index，CAI）的定义为：针对特定 ORF 所含有的所有密码子相较于目标 ORF 都使用最优同义密码子的条件下的适应系数。如计算公式所示，W_k 反映的是对应于特定密码子 k 的适应系数，I 代表的是目标 ORF 中除去终止密码子的同义密码子总数。其中，W_k 公式中的 $RSCU_{imax}$、$RSCU_{ij}$ 分别指编码第 i 个氨基酸的使用频率最高的密码子的 RSCU 值和相应同义密码子家族中第 j 个同义密码子的 RSCU 值。

$$W_{ij} = RSCU_{ij} \Big/ RSCU_{imax}$$

$$CAI = \sqrt[I]{\prod_{a=1}^{I} W_k}$$

CAI 的值域为 0～1。当 CAI 值等于 1 或接近 1 时，则说明目标 ORF 中所有氨基酸的位置均选择了相应同义密码子家族中最优势的同义密码子；反之，当 CAI 值越接近 0 时，则反映出目标 ORF 氨基酸位置所选择的同义密码子的偏嗜性越弱，近乎于是均一化地选择同义密码子。

4. **密码子偏嗜参数** 密码子偏嗜参数（codon preference parameter，CPP）的值域范围为 0～18。CPP 值越高反映出目标 ORF 选择使用的密码子偏嗜性越强。CPP 数值不随目标 ORF 中碱基组成成分变化的影响，其更适用于比较基因之间，或者物种之间密码子使用的偏嗜性强弱差异。

$$CPP = \sum_{i=1}^{18} \frac{\left(x_{ij} - \sum_{j=1}^{n_i} x_{ij}\right)}{\sum_{j=1}^{n_i} x_{ij}} \times \frac{n_i}{2(n_i - 1)}$$

其中，x_{ij} 代表氨基酸 i 的第 j 个同义密码子出现的频数，n_i 代表氨基酸 i 的同义密码子数目（数值为 2 个、3 个、4 个或 6 个）。

5. **有效密码子数** 有效密码子数（effective number of codon，ENC）的值域为

20～61。当 ENC 值越大，则表明目标 ORF 的同义密码子使用偏嗜性越弱；反之，当 ENC 值越小，则表明目标 ORF 选择同义密码子的偏嗜性越强。ENC 值主要体现出目标 ORF 在使用同义密码子随机性的偏离程度。计算公式如下。

$$ENC = 2 + \frac{9}{F_2} + \frac{1}{F_3} + \frac{5}{F_4} + \frac{3}{F_6}$$

$$F = \frac{n\sum_{i=1}^{k} p_i^2 - 1}{n-1}; n > 1; p_i = \frac{n_i}{n}$$

其中 n 代表目标 ORF 中所选择的同义密码子的总和，k 代表同义密码子的数目，p_i 代表密码子 i 的出现频率（n_i/n）。从上述公式各个变量的描述中可以发现，ENC 值会受到 ORF 编码氨基酸成分和编码序列长度的影响。

6. **最优密码子使用频率**　最优密码子使用频率（frequency of optimal codon，FOP）具有种属特异性，并且最优密码子的确定是需要基因组序列信息及相应基因表达量的参数。FOP 最简便的计算公式如下。

$$FOP(g) = \frac{1}{N}\sum_i n_i(g)$$

其中，n_i 代表 ORF(g) 中密码子 i 的数目；N 代表 ORF(g) 中的密码子数总和。

7. **核糖体密度谱系**　核糖体密度谱系（ribosome density profiling）分析现在允许对核糖体分布进行全基因组分析，直至单密码子分辨率。核糖体密度分布非常适合获取全基因组基因翻译的快照；由此可以获得单个基因内的翻译率谱，并可能与密码子使用相关。核糖体密度分析也用于估计基因间翻译效率的差异。然而，只有当这些基因的翻译延伸率相似时，核糖体密度才能用于比较基因的翻译效率。

密码子偏嗜出现之后，发现密码子使用频率与反密码子互补的 tRNA 浓度之间呈正相关。这一事实在一些原核生物和单细胞真核生物中得到证实。然而，这种相关性最初没有在大部分多细胞真核生物中得到证实。为了更好地分析在多细胞真核生物中密码子偏嗜频率与 tRNA 丰度之间的关系，完善了 tRNA 适应指数（tRNA adaptation index，tAI）。这个丰度是基于 tRNA 基因的拷贝量，假设与细胞中 tRNA 丰度有关，还考虑了密码子 – 反密码子的结合效率、相关的 Watson-Crick 碱基配对摇摆规则。计算机分析结论表明，有机体中较大的基因组有较高的 tRNA 基因冗长性，这将会降低对特异性密码子的选择性。这就解释了为什么在一些研究中，多细胞机体中较大的基因组与密码子的使用频率和 tRNA 丰度之间不呈正相关这一结论。然而，在那时大部分对 tRNA 丰度的研究都是基于 tRNA 基因的拷贝量。

8. tRNA 适应性指数　tRNA 适应性指数是基于 tRNA 对基因表达效率影响的基础上来揭示同义密码子与 tRNA 反密码环配对过程中表现出来的"摆动性"的程度。研究人员在分析了大量物种基因组中 tRNA 基因的拷贝数（tRNA gene copy number, tGCN）后，发现 tGCN 与 tRNA 在细胞中表达水平是相关的。计算 tAI 的前提是获得每个同义密码子与 tRNA 配对的绝对适应性参数（absolute adaptiveness value, W_i）。W_i 的计算公式如下。

$$W_i = \sum_{j=1}^{n} (1 - s_{ij}) \cdot tGCN_{ij}$$

其中，$tGCN_{ij}$ 是特定同义密码子 i 与之碱基配对的 tRNA 的基因拷贝数；s_{ij} 是选择限制参数（selective constraint），其代表同义密码子 i 与 $tRNA_j$ 在密码子 – 反密码子配对过程中的效率。当参数 s 设置为 0 时，表示密码子 – 反密码子正常配对；当参数 s 设置为 0.5 时，表明 tRNA 受到碱基配对摇摆性的影响会发生错配。当按照上述两种参数设置进行计算后，每种同义密码子均会有一系列 W_i 的数值。

相对值 (w_i) 的计算公式是 $w_i = W_i / W_{max}$。其中，W_{max} 是密码子 i 对应的 tRNA 结合效率最高的数值。然后，可以对目标 ORF 的 tAI 值进行计算，其算理是目标 ORF 中每个密码子的 w_i 值的几何平均数（geometric mean）。计算公式如下。

$$tAI = \sqrt[L]{\prod_{k=1}^{L} w_k}$$

其中，L 代表目标 ORF 中 59 种同义密码子的个数，w_k 代表每个密码子对应的相对值 (w_i)。随着围绕同义密码子使用模式对基因表达及蛋白质调控方面的深入研究，tAI 相关的分析将为同义密码子使用模式对蛋白翻译方面展示更多遗传密码子与 tRNA 反密码子之间碱基配对的相关遗传特性。

（四）同义密码子使用偏嗜性的遗传学与生物学意义

某些密码子可能被选择用来达到高效率和（或）正确的翻译，并且在某种程度上都可能影响细胞的适应性。较高的翻译准确性可能是由使用可被大量 tRNA 识别的密码子导致的。提高翻译的准确性将会避免由非功能性蛋白质的产生而造成的物力和能量的浪费。"准确度理论"得到在蛋白质的关键位置对密码子偏嗜进行更严格的选择这一上述检测的支持，有可能确保这些结构和（或）功能上重要的残基的高保真翻译。此外，对于较长的基因，发现了更强的密码子偏嗜，这很可能是因为较大蛋白质错误翻译的资源成本相对较高。

关于翻译效率的选择性压力可以局部起作用，因为密码子的使用情况可以影响到蛋白质的折叠。此外，还会选择局部编码序列特征（如 mRNA 二级结构），因为这些允许调整基因的表达。选择性压力也可能会在整体范围的密码子使用上起作用，因为更优的密码子可能会有更高的全部翻译率，从而保持更多的核糖体可用，并提高了细胞的适应性。在大多数自然生态系统的生命斗争中，有限资源的可用性将意味着翻译效率将会对最优的密码子偏嗜施加一个强大的选择性压力。总的来说，密码子偏嗜的不同类型在生命所有领域的进化反映了频繁和稀有密码子是经过优化的组合，这将会允许某些基因在某个生物体中、某种条件下及最终在某个组织或器官中进行适当的表达。

在过去 30 年间，密码子偏嗜已经被集中地研究，并且获得的一些见解已广泛应用于生物技术，作为一种策略去优化基因表达以提高蛋白质生产率和产量。两个主要策略是调整表达的 tRNA 组和调整感兴趣基因的密码子使用。在生产宿主中表达额外的 tRNA 基因拷贝被引入以提高 tRNA 水平，目的是为了含有许多稀有密码子基因的异源性表达。目前，该策略主要用于细菌生产系统。一些从一个质粒上表达额外 tRNA 的商用菌株可用于这个目的〔例如，大肠杆菌 Rosetta（pRARE 质粒具有识别以下密码子 tRNA 的基因，包括 AGG、AGA、AUA、CUA、CCC、GGA），大肠杆菌 BL21CodonPlus（pRIL 质粒具有识别以下密码子 tRNA 的基因，包括 AGG、AGA、AUA、CUA、CCC）〕。有许多例子证明了这种策略是成功的，或者是至少促进了功能蛋白质的产生。然而，在一些其他的案例中，这种方法并没有提高蛋白质的产量，例如，当适当的蛋白质折叠需要基因中稀有密码子片段的缓慢翻译时。这种策略的主要问题是没有将蛋白质特异性密码子景观（和稀有密码子的频率）考虑进去。

不断增加的新 DNA 合成的成本已经允许密码子优化基因的合成。整个基因中同义密码子替换的潜在空间非常大；对于 300 个氨基酸的蛋白质，可能有 10 100 多种不同的编码序列变体。因此，已经开发了自动化的密码子优化程序来设计优化，以在某些宿主中增加表达。大部分 DNA 合成公司提供密码子优化服务，主要基于保密算法。许多这些算法通过最大化基因的 CAI 以匹配表达宿主的 CAI，以及优化某些序列特征来优化密码子使用。经常考虑的序列特征是 GC 含量和重复基序，如核糖核酸酶（RNase）识别位点、转录终止位点、SD 样序列和导致强 mRNA 二级结构的序列。有很多成功的编码序列密码子优化的报道，通过优化编码序列可以使基因表达增加 1000 倍。对于在大肠杆菌中表达大量人类基因，据报道，这种算法比表达额外的 tRNA 更成功。然而，对于许多基因，这种算法并没有改善表达。因此，这些算法的输出并不能保证成功，如因为同义突变可能会通过改变密码子景观来干扰蛋白质折叠。

同义密码子设计的替代方法已经被报道。"密码子协调算法"调整密码子的方式是将最初宿主中基因的原始密码子景观保留在表达宿主中。因此，与其他优化算法相比，该算法保留了更大比例的稀有密码子。该算法的一个成功应用是促进了一些蛋白质在大肠杆菌中的异源表达。一种更系统的实验和统计方法来优化大肠杆菌中异源基因表达的编码序列，确定了几个关键的氨基酸和特定的同义密码子，这些都是高表达所必需的。这些关键密码子通常不是宿主高表达基因中最常用的密码子，但一些关键密码子与在饥饿条件下保持高电荷的同源 tRNA 相关。评估不同的密码子优化策略以改善蛋白质表达并不简单。首先，通常只报道了优化不同蛋白质编码序列的单个案例研究，因此难以评估。其次，影响表达的许多编码序列特征，以及它们在不同基因、不同宿主和不同条件下的不确定层次构成了重大挑战。

自然选择为不同类型的基因和生物形成了最佳密码子景观，并且现在的主要挑战是了解如何在异源生产系统中为高水平生产重建这些景观的规则。密码子优化领域正在逐渐摆脱合成基因应该包含尽可能多的频繁密码子以实现高蛋白质生产的普遍概念。许多特征被普遍认为是合成基因设计的重要序列。迄今为止，其中一些特征几乎没有用于合成基因的设计，在未来的尝试中值得更多关注。例如，在蛋白质过量生产条件下对氨酰基 tRNA 丰度进行较好的实验分析应该为更好的密码子优化提供基础，确保平衡的氨酰基 tRNA 供应用于感兴趣的蛋白质的生产。这也意味着应该考虑比 CAI 更准确的指标（如 nTE），用于预测最优密码子偏差。

我们对密码子景观如何影响翻译和蛋白质折叠效率的更深入了解，应该考虑合成基因的新设计规则。尤其是对于分泌蛋白或膜蛋白的高水平表达，随着对异源表达宿主的密码子偏嗜的调整，景观特征（如稀有密码子簇或其他编码序列暂停位点等）需要包含在基因设计中。为此目的，"密码子协调"方法的进一步改进将是有希望的。

在合成生物学中应用密码子偏差作为工具改进的合理基因设计是合成生物学尝试创建合成基因回路、生物合成途径甚至新基因组的基础。在回路或通路的设计中，功能相关基因的表达至关重要。为了设计合成操纵子来表达这些回路或通路，可以从最近阐明的差异密码子偏嗜和其他因素在原核操纵子中差异表达的顺反子的作用中学习。

合成生物学现在可以在基因组水平上进行工程设计。在全基因组范围内，稀有密码子已被同义密码子取代，并且可以重新分配去除的稀有密码子去编码非天然氨基酸。此外，最近通过在大肠杆菌中引入两种合成核苷酸，扩大了生命的核苷酸字母表。对于密码子字母表的全面修改，更好地理解密码子偏差将是有利的。此外，DNA 组装的最新进展已允许完整的合成基因组的组装和移植。这项技术实际上可以从头开始重新设计基因组。然而，需要更透彻地了解密码子偏嗜，以合理设计具有最佳功能的合成基因组，并在密码子使用、相关 tRNA 基因和 tRNA 修饰酶上进行合理的选择。

二、同义密码子使用模式在原核生物进化中的作用

在原核生物的进化过程中，不断增加的细菌基因组数据反映出了同义密码子使用模式在不同种类的细菌中偏嗜性具有遗传差异性，并且同义密码子使用模式还显著影响着宿主菌的各个生物过程。这其中涉及的遗传压力因素包括翻译选择压力（translational selection）、GC 含量（GC composition）、DNA 链特异性突变偏嗜（strand-specific mutational bias）、氨基酸守恒（amino acid conservation）、蛋白质亲水性（protein hydropathy）、转录选择压力（transcriptional selection）及 RNA 稳定性（RNA stability）。在诸多遗传影响因素中，原核生物的同义密码子使用模式大体与其表达 tRNA 的水平相关。随着原核生物生命周期的改变，tRNA 的表达水平及种类数量的变化也会有所改变。研究表明，原核生物体内的 mRNA 如果含有大量优势密码子（preferred codon），则其蛋白表达速率就会处于高水平；反之，若 mRNA 中含有一定数量稀有密码子（rare codon），则其蛋白表达速率就会降低。引发这种生物遗传学现象的原因之一是，tRNA 表达水平及其与同义密码子碱基配对效率相关。由于原核生物的染色质是 DNA 双链构成的，DNA 前导链（leading strand）和滞后

链（lagging strand）由于碱基分布的非对称性而展现出 DNA 复制及损伤修复的差异性，这些与同义密码子使用模式介导的 DNA 链特异性突变偏嗜相关。

（一）大肠杆菌的同义密码子使用模式

大肠杆菌（*Escherichia coli*，*E. coli*）是高等动物肠道中的一大类革兰阴性寄生菌，只有其中一小部分具有致病性。致病性 *E. coli* 具有众多血清型，能够引发动物胃肠道疾病，其致病因子主要是特定菌毛抗原及内毒素等刺激肠道黏膜，以及形成菌血症对机体造成伤害，可引发除了肠胃疾病以外的尿道炎、脑膜炎、关节炎及败血症。研究 *E. coli* 的同义密码子使用模式，能够从遗传学角度分析常规 *E. coli* 与致病性 *E. coli* 在进化方面的差异性，从而明晰致病性 *E. coli* 在基因组复制、转录和毒力蛋白表达等方面的遗传特性。本文中，以生物工程领域常用到的 BL21（ED3）菌株为例，利用 RSCU 计算公式对菌体基因组中所有 ORF 在选择同义密码子的遗传演化中所形成的使用模式进行分析。如表 2-1 所示，59 种同义密码子使用模式是非均一的，其中每个同义密码子家族均不同程度地表现出来同义密码子使用偏嗜性。例如，编码精氨酸的 AGG（RSCU=0.13）、AGA（RSCU=0.22）和 CGA（RSCU=0.39）同义密码子的使用程度就是非常低的，说明菌体基因组中的基因在遗传选择压力的作用下尽量回避相关同义密码子的使用；反之，CGU（RSCU=2.27）和 CGC（RSCU=2.39）却被精氨酸优先选择使用。此外，对于那些具有较大同义密码子家族的氨基酸来说也有非常明显的同义密码子使用偏嗜性，如编码亮氨酸的 CUG（RSCU=2.99）、编码脯氨酸的 CCG（RSCU=2.11）、编码苏氨酸的 ACC（RSCU=1.73）、编码丝氨酸的 AGC（RSCU=1.66）及编码甘氨酸的 GGC（RSCU=1.62）。

（二）沙门菌的同义密码子使用模式

沙门菌（*Salmonellae*）是一种重要的食源性致病微生物，属于肠杆菌科的革兰阴性菌。沙门菌病是指一类由不同类型沙门菌感染引发人类、畜禽及野生动物疾病的总称。目前，沙门菌的血清型变种已经被发现了数千种。由于沙门菌不同血清学变种均起源于共同的祖先菌（common ancestor），因此它们均有类似的致病机制以及遗传进化策略。沙门菌拥有两种Ⅲ型分泌系统（type Ⅲ secretion system），即 T3SS-1 和 T3SS-2，可编码沙门菌毒力岛（pathogenicity island）1 和 2，即 SPI-1 和

表 2-1　BL21（ED3）菌株基因组形成的同义密码子使用模式

密码子（氨基酸）	RSCU 值	密码子（氨基酸）	RSCU 值
UUU（苯丙氨酸）	1.15	GCC（丙氨酸）	1.08
UUC（苯丙氨酸）	0.85	GCA（丙氨酸）	0.85
UUA（亮氨酸）	0.78	GCG（丙氨酸）	1.42
UUG（亮氨酸）	0.77	UAU（酪氨酸）	1.14
CUU（亮氨酸）	0.62	UAC（酪氨酸）	0.86
CUC（亮氨酸）	0.63	CAU（组氨酸）	1.13
CUA（亮氨酸）	0.22	CAC（组氨酸）	0.87
CUG（亮氨酸）	2.99	CAA（谷氨酰胺）	0.69
AUU（异亮氨酸）	1.52	CAG（谷氨酰胺）	1.31
AUC（异亮氨酸）	1.26	AAU（天冬酰胺）	0.90
AUA（异亮氨酸）	0.22	AAC（天冬酰胺）	1.10
GUU（缬氨酸）	1.04	AAA（赖氨酸）	1.53
GUC（缬氨酸）	0.86	AAG（赖氨酸）	0.47
GUA（缬氨酸）	0.62	GAU（天冬氨酸）	1.25
GUG（缬氨酸）	1.49	GAC（天冬氨酸）	0.75
UCU（丝氨酸）	0.87	GAA（谷氨酸）	1.38
UCC（丝氨酸）	0.89	GAG（谷氨酸）	0.62
UCA（丝氨酸）	0.74	UGU（半胱氨酸）	0.89
UCG（丝氨酸）	0.93	UGC（半胱氨酸）	1.11
AGU（丝氨酸）	0.90	CGU（精氨酸）	2.27
AGC（丝氨酸）	1.66	CGC（精氨酸）	2.39
CCU（脯氨酸）	0.63	CGA（精氨酸）	0.39
CCC（脯氨酸）	0.49	CGG（精氨酸）	0.58
CCA（脯氨酸）	0.76	AGA（精氨酸）	0.22
CCG（脯氨酸）	2.11	AGG（精氨酸）	0.13
ACU（苏氨酸）	0.67	GGU（甘氨酸）	1.35
ACC（苏氨酸）	1.73	GGC（甘氨酸）	1.62
ACA（苏氨酸）	0.52	GGA（甘氨酸）	0.43
ACG（苏氨酸）	1.08	GGG（甘氨酸）	0.60
GCU（丙氨酸）	0.65		

SPI-2。SPI-1 和 SPI-2 可帮助沙门菌侵袭宿主上皮细胞进而在胞内生存。起初，沙门菌在冷血动物体内共进化，直至亚种 1 型突变株形成后扩大了其侵染宿主的谱系（从冷血动物延伸到了哺乳动物）。沙门菌进化最初阶段是以肠道病原微生物来开始的，相关感染组织嗜性也主要局限在消化道。沙门菌侵染肠道黏膜主要目的是在肠道中创造藏匿位点，这样有助于在众多肠道菌群中通过高效的增殖来脱颖而出。沙门菌在宿主体内进化的过程中会产生很多适应宿主的血清型变种，但是这些血清型变种无论在致病性还是基因组结构方面均具有很高的趋同性。

沙门菌在宿主体内进行共进化而产生的不同血清型变种具有利弊性。共进化为沙门菌创造了很多遗传和致病性不同的变种菌株，它们能够在宿主嗜性方面扩展领地，也能够在宿主体内开拓新的藏匿点，这样可以最大限度降低宿主免疫系统将变种菌株彻底清除的风险。本文中，S. enterica subsp. enterica serovar Abaetetuba str. ATCC 35640 作为沙门菌基因组同义密码子使用模式的参考菌株。通过 RSCU 计算公式对其基因组中所有 ORF 进行计算分析。如表 2-2 所示，Abaetetuba str. ATCC 35640 菌株基因组对编码精氨酸的同义密码子 CGC（RSCU=1.70）、编码亮氨酸的同义密码子 CUG（RSCU=1.62）及编码甘氨酸的同义密码子 GGC（RSCU=1.50）的选择具有很强的偏嗜性，然而对编码亮氨酸的同义密码子 CUA（RSCU=0.47）、编码精氨酸的同义密码子 AGA（RSCU=0.62）和 AGG（RSCU=0.64）、编码丝氨酸的同义密码子 AGU（RSCU=0.66）在使用上表现出很强的排斥性。在不同同义密码子家族中，编码天冬酰胺的两种同义密码子 AAU（RSCU=1.02）及 AAC（RSCU=0.98）的使用偏嗜性的偏差很小，这也能反映出沙门菌在选择压力的作用下，对同义密码子使用模式的遗传选择性。

（三）支原体的同义密码子使用模式

支原体（mycoplasma）是一种广泛存在于自然界并对哺乳动物具有很强侵染性的微小病原体。其宿主范围很广泛，并且倾向于侵染宿主的呼吸道及尿道黏膜组织。在漫长的进化过程中，支原体由于不具有细胞壁而对很多针对细胞壁合成的抗生素的杀菌作用具有抗性。例如，肺炎支原体（M. pneumoniae）能造成感染动物呼吸功能紊乱及非典型肺炎的发生。鸡毒支原体（M. galisepticum）感染禽类后会引发气管、气囊及肺脏发生严重的炎性反应。发酵支原体（M. fermentans）与类风湿关节炎的发病相关，同时也是人免疫缺失病毒（human immunodeficiency virus，HIV）

表2-2 沙门菌的同义密码子使用模式

密码子（氨基酸）	RSCU 值	密码子（氨基酸）	RSCU 值
UUU（苯丙氨酸）	1.15	GCC（丙氨酸）	1.04
UUC（苯丙氨酸）	0.85	GCA（丙氨酸）	0.80
UUA（亮氨酸）	1.11	GCG（丙氨酸）	1.37
UUG（亮氨酸）	1.09	UAU（酪氨酸）	1.10
CUU（亮氨酸）	0.99	UAC（酪氨酸）	0.90
CUC（亮氨酸）	0.72	CAU（组氨酸）	1.15
CUA（亮氨酸）	0.47	CAC（组氨酸）	0.85
CUG（亮氨酸）	1.62	CAA（谷氨酰胺）	0.79
AUU（异亮氨酸）	1.01	CAG（谷氨酰胺）	1.21
AUC（异亮氨酸）	1.09	AAU（天冬酰胺）	1.02
AUA（异亮氨酸）	0.89	AAC（天冬酰胺）	0.98
GUU（缬氨酸）	1.23	AAA（赖氨酸）	1.29
GUC（缬氨酸）	0.98	AAG（赖氨酸）	0.71
GUA（缬氨酸）	0.89	GAU（天冬氨酸）	1.17
GUG（缬氨酸）	0.91	GAC（天冬氨酸）	0.83
UCU（丝氨酸）	0.80	GAA（谷氨酸）	1.28
UCC（丝氨酸）	0.91	GAG（谷氨酸）	0.72
UCA（丝氨酸）	1.19	UGU（半胱氨酸）	0.77
UCG（丝氨酸）	1.13	UGC（半胱氨酸）	1.23
AGU（丝氨酸）	0.66	CGU（精氨酸）	0.95
AGC（丝氨酸）	1.30	CGC（精氨酸）	1.70
CCU（脯氨酸）	0.74	CGA（精氨酸）	0.89
CCC（脯氨酸）	0.72	CGG（精氨酸）	1.20
CCA（脯氨酸）	1.15	AGA（精氨酸）	0.62
CCG（脯氨酸）	1.39	AGG（精氨酸）	0.64
ACU（苏氨酸）	0.71	GGU（甘氨酸）	0.97
ACC（苏氨酸）	1.15	GGC（甘氨酸）	1.50
ACA（苏氨酸）	0.85	GGA（甘氨酸）	0.82
ACG（苏氨酸）	1.29	GGG（甘氨酸）	0.71
GCU（丙氨酸）	0.79		

传播的重要辅助性病原体。随着基因组测序技术的更新换代，比较基因组学与比较蛋白质组学开启了人们对支原体家族成员在群体动力学、遗传多样性、基因组结构及与宿主共进化等方面的探索。支原体的基因组在长期遗传演化的过程中，其基因组已经自行精简了很多，并且其原始祖先是富含腺嘌呤和胸腺嘧啶的革兰阳性菌。支原体对自身基因组的精简直接导致了一些代谢通路的缺失，以及基因表达强度的降低。虽然支原体基因组主动丢失了大量碱基来实现其快速进化，但是其能够成功逃逸宿主免疫系统的绞杀而长期在宿主体内生存。本文选择了 18 种支原体作为研究对象来展示支原体对同义密码子使用模式的遗传特征（表 2-3 ）。

利用 RSCU 计算公式对上述支原体基因中基因的同义密码子使用模式进行计算。

表 2-3 18 种支原体的生物学信息

Genbank 登录号	菌株名称	自然宿主	基因组长度（Mb）	GC 含量	基因数目
NC_009497	M. agalactiae PG2	小型反刍兽	0.88	29.7%	770
NC_011025	M. arthritidis 158L3-1	小鼠	0.82	30.7%	662
NC_018077	M. bovis HB0801	牛	0.99	29.3%	840
NC_007633	M. capricolum subsp. capricolum ATCC 27343	山羊	1.01	23.8%	870
NC_014014	M. crocodyli MP145	鳄鱼	0.93	27.0%	787
NC_021002	M. fermentans PG18	人类	1.0	26.9%	908
NC_018407	M. gallisepticum NC95_13295-2-2P	禽类	1.01	31.5%	810
NC_013511	M. hominis ATCC 23114	人类	0.67	27.4%	591
NC_007295	M. hyopneumoniae J	猪	0.9	28.5%	716
NC_022807	M. hyorhinis DBS 1050	猪	0.84	25.9%	780
NC_014751	M. leachii PG50 clone MU clone A8	牛	1.01	23.8%	901
NC_006908	M. mobile 163K	鱼类	0.78	25.0%	688
NC_004432	M. pentrans HF-2 DNA	人类	1.36	25.7%	1065
NC_000912	M. pneumoniae M129	人类	0.81	40%	1061
NC_002771	M. pulmonis UAB CTIP	小鼠	0.96	26.6%	789
NC_021083	M. putrefaciens Mput 9231	山羊	0.86	27.0%	740
NC_015155	M. suis str. lllinois	猪	0.74	31.1%	865
NC_007294	M. synoviae 53	禽类	0.8	28.5%	722

然而，需要注意的是，支原体会利用 UGG 和 UGA（通常在生物体内发挥终止密码子）来编码色氨酸，因此支原体只有两种终止密码子 UAA 和 UAG。根据 Ma 等（2018）分析上述支原体基因组中同义密码子使用模式的数据（PMID：29537653），不同支原体在形成同义密码子使用模式的过程中均受到了核苷酸成分的影响。由于支原体基因组中腺嘌呤和胸腺嘧啶的含量（AT%）高于胞嘧啶和鸟嘌呤的含量（GC%），不同支原体菌种在选择优势同义密码子时均会选择以 A 或 U 结尾的同义密码子，但是菌种极力规避使用的同义密码子却并非仅仅是以 C 或 G 结尾的同义密码子，一些以 A 或 U 结尾的同义密码子同样也会被支原体弃用。例如，编码亮氨酸的同义密码子 UUA（RSCU > 1.6）均被支原体优先选择使用，然而那些 RSCU < 0.6 的同义密码子很少被宿主菌使用，包括编码亮氨酸的同义密码子 CUC 和 CUG、编码丝氨酸的同义密码子 UCC 和 UCG、编码苏氨酸的同义密码子 ACG、编码谷氨酰胺的同义密码子 CAG。由此可见，支原体在快速进化过程中不断缩减其基因组的规模会影响其核苷酸成分的分布，而核苷酸成分作为一种突变选择限制性遗传压力在支原体同义密码子使用模式的形成过程中发挥着关键作用。但是需要注意的是，除了突变选择限制压力以外，其他遗传因素也参与到了支原体大家族同义密码子使用模式的形成中，这也符合同义密码子使用模式具有种属特异性的遗传特征。

利用主成分分析（pricinpal component analysis，PCA）方法对上述 18 种支原体同义密码子使用模式进行聚类分析后，发现虽然不同支原体大体有着相似的同义密码子使用模式，但是由 PCA 分析解释变量 f'_1、f'_2 和 f'_3 构成的 3D 模拟图反映出同义密码子使用模式仍然表现出了很强的种属特异性（图 2-2）。

（四）衣原体的同义密码子使用模式

衣原体（chlamydia）是一类广泛存在于自然界并且严格限制在细胞内生存的革兰阴性病原微生物。按照最新的衣原体分类，衣原体科（chlamydiaceae）只拥有一个由 12 个种组成的衣原体属。这 12 个衣原体种包括沙眼衣原体（*C. trachomatis*）、肺炎衣原体（*C. pneumoniae*）、鼠衣原体（*C. muridarum*）、猪衣原体（*C. suis*）、鹦鹉热衣原体（*C. psittaci*）、家畜衣原体（*C. pecorum*）、流产衣原体（*C. abortus*）、猫衣原体（*C. felis*）、豚鼠衣原体（*C. caviae*）、鸟衣原体（*C. avium*）、家禽衣原体（*C. gallinacea*）和朱鹭衣原体（*C. ibidis*）。这些衣原体中对人类威胁最大的是 *C. trachomatis* 和 *C. pneumonia*，其他种的菌体则具有人畜共患病的特质。衣原体在生

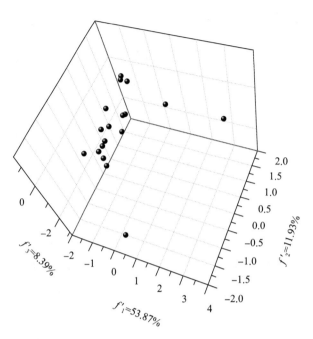

▲ 图 2-2　PCA 分析 18 株支原体同义密码子使用模式的聚类特征

命活动中具有独特的二相性，即侵染性（对宿主具有侵染力但无代谢活力）和无侵染性（对宿主无侵染性但代谢活动活跃，可导致细胞出现非膜融合液泡样颗粒）。虽然衣原体致病机制尚未全面被阐述清晰，但是一些常见毒力基因的相关遗传学和生物学特征已经被深入研究。例如，衣原体的多态性膜蛋白（polymorphic membrane protein，Pmp）主要决定着病原体对宿主细胞的黏附能力、组织嗜性的强弱及对宿主免疫反应逃逸的能力。Ⅲ型分泌系统（T3SS）将衣原体产生的效应蛋白输送到宿主细胞中来促进衣原体在胞质中形成包涵体颗粒。这些效应分子能够干扰宿主细胞内部正常信号传导、细胞骨架重排（cytoskeletal rearrangement）及液泡输送的能力，这最终增强了衣原体侵染细胞的能力，并且及时在胞质中形成藏匿点来逃逸免疫清除。

　　随着基因组学的发展，衣原体科各个成员的全基因组已经被详细解析。这些基因组数据对研究人员深入研究衣原体遗传演化和致病机制是很重要的。作为一种严格胞内寄生菌，衣原体与宿主共进化是相互适应的主要模式，这有助于衣原体有效适应细胞内环境的变化，以及开展相关生命活动，最终导致衣原体对宿主的致病性。衣原体相关的遗传信息及基因组组织结构特征对研究其遗传动力学是很重要的。但是，推动衣原体遗传进化的内在因素是基因组中核苷酸成分引发的突变限制性遗传压力及蛋白产物引发的翻译选择压力共同造成的。同义密码子使用模式作为核苷酸与氨基酸之间的纽带，其与上述两种遗传选择压力密切相关。突变限制性遗传压力导致的核苷酸成分变化是主要遗传推动力，然而同义密码子使用模式在一定程度上会对核苷酸成分波动的影响进行一定程度的缓冲，这样会使衣原体在进化过程中稳中向前。通过分析不同种的衣原体基因组中同义密码子使用模式的遗传特性，Li 等（2019）发现衣原体基因组中腺嘌呤与胸腺嘧啶的含量（AT%）明显高于胞嘧啶与鸟嘌呤的含量（GC%），并且核苷酸在密码子第 3 位的含量也是明显受到整体核苷酸使用成分的影响，这将直接影响衣原体的同义密码子使用模式（表 2-4）。

　　然而，利用信息熵（information entropy）分析了衣原体密码子每个位点核苷酸的使用偏嗜性后，同样发现密码子第 3 位的核苷酸使用偏嗜性要强于基因水平上整体核苷酸使用的偏嗜性（图 2-3）。

　　在明确了密码子第 3 位上核苷酸使用偏嗜性的前提下，利用 RSCU 计算公式对不同种类衣原体的同义密码子使用模式进行计算分析。结果表明，所有被衣原体作

表 2-4　不同衣原体基因总体核苷酸含量与密码子第 3 位核苷酸含量的平均值

种	T%	C%	A%	G%	T3%	C3%	A3%	G3%
C. trachomatis L225567R	29.9	20.0	28.4	21.7	36.5	16.6	29.0	17.9
C. trachomatisQH111L	29.9	20.0	28.5	21.7	29.9	20.0	28.5	21.7
C. trachomatis ESW3	29.9	20	28.4	21.7	29.9	20.0	28.4	21.7
C. suis 14-23b	29.9	20.3	27.9	21.8	36.0	17.6	27.2	19.0
C. muridarum Nigg	30.5	19.5	28.8	21.2	38.0	15.6	29.5	17.3
C. abortus GN6	29.9	19.8	29.7	20.6	36.0	17.3	29.8	16.8
C. psittaci 6BC	30.2	19.4	30.1	20.3	38.0	16.2	30.8	15.5
C. pecorum E58	29.5	20.3	28.8	21.3	36.0	17.3	28.4	18.6
C. pneumoniae TW-183	29.5	20.4	29.2	20.9	36.0	18.1	28.9	16.9
C. gallinacea 08-12743	31.3	18.8	30.3	19.7	39.0	14.1	31.6	15.0
C. avium 10DC88	31.7	18.2	30.9	19.2	40.0	13.2	32.8	13.8
C. felis FeC-56	30.1	19.5	29.9	20.4	37.0	16.5	30.4	16.0
C. caviae GPIC	30.2	19.3	30.0	20.5	38.0	16.0	30.4	15.8
C. ibidis 10-1398/6	31.0	18.5	30.2	20.3	39.0	14.5	30.6	15.7

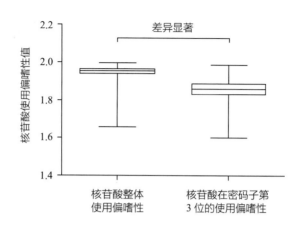

▲ 图 2-3　衣原体基因水平上整体核苷酸使用偏嗜性与密码子第 3 位核苷酸使用偏嗜性的对比分析

为高频选择的同义密码子都是以 A 或 U 结尾的，并且所有被衣原体规避选择的同义密码子都是以 C 或 G 结尾的。这一结果进一步印证了由核苷酸成分限制导致的突变选择压力在衣原体形成同义密码子使用模式过程中发挥的关键作用。然而，利用 RSCU 计算分析不同衣原体同义密码子使用模式后发现，编码亮氨酸的密码子 CUA、编码异亮氨酸的密码子 AUA、编码丝氨酸的密码子 AGU 和编码脯氨酸的密码子 CCA 虽然以 A 或 U 结尾，但是其 RSCU 值均小于 1.0。这一结果提示了上述几种以 A 或 U 结尾的同义密码子在同义密码子家族中是被压制使用的，同时也说明除了核苷酸成分限制遗传因素外，翻译选择压力同样影响着衣原体同义密码子使用模式的形成。鉴于不同衣原体基因组同义密码子使用模式具有相似的使用偏嗜性，因此以沙眼衣原体 QH111L 菌株为例展示同义密码子使用模式。如表 2-5 所示，编码丝氨酸的密码子 UCU（RSCU=2.48）、编码脯氨酸的密码子 CCU（RSCU=2.21）、编码丙氨酸的密码子 GCU（RSCU=1.92）、编码甘氨酸的密码子 GGA（RSCU=1.74）及编码亮氨酸的密码子 UUA（RSCU=1.73）被沙眼衣原体 QH111L 菌株选择偏嗜性强，而编码精氨酸的密码子 AGG（RSCU=0.33）、编码脯氨酸的密码子 CCG（RSCU=0.38）、编码天冬氨酸的密码子 GAC（RSCU=0.46）、编码丝氨酸的密码子 UCG（RSCU=0.50）及编码丙氨酸的密码子 GCG（RSCU=0.50）均是被沙眼衣原体 QH111L 菌株在使用上显著压制的。

　　虽然衣原体不同物种在同义密码子使用模式上具有一定的趋向性，但是同义密码子使用模式在一定程度上能够体现种属特异性。通过 PCA 分析发现，不同衣原体菌株不仅在同义密码子使用模式上展现了种属特异性，并且还在一定程度上反映出

表 2-5 沙眼衣原体 QH111L 菌株的同义密码子使用模式

密码子（氨基酸）	RSCU 值	密码子（氨基酸）	RSCU 值
UUU（苯丙氨酸）	1.27	GCC（丙氨酸）	0.54
UUC（苯丙氨酸）	0.73	GCA（丙氨酸）	1.04
UUA（亮氨酸）	1.73	GCG（丙氨酸）	0.50
UUG（亮氨酸）	1.07	UAU（酪氨酸）	1.35
CUU（亮氨酸）	1.22	UAC（酪氨酸）	0.65
CUC（亮氨酸）	0.65	CAU（组氨酸）	1.42
CUA（亮氨酸）	0.80	CAC（组氨酸）	0.58
CUG（亮氨酸）	0.53	CAA（谷氨酰胺）	1.29
AUU（异亮氨酸）	1.59	CAG（谷氨酰胺）	0.71
AUC（异亮氨酸）	0.90	AAU（天冬酰胺）	1.38
AUA（异亮氨酸）	0.51	AAC（天冬酰胺）	0.62
GUU（缬氨酸）	1.50	AAA（赖氨酸）	1.39
GUC（缬氨酸）	0.64	AAG（赖氨酸）	0.61
GUA（缬氨酸）	1.06	GAU（天冬氨酸）	1.54
GUG（缬氨酸）	0.81	GAC（天冬氨酸）	0.46
UCU（丝氨酸）	2.48	GAA（谷氨酸）	1.28
UCC（丝氨酸）	0.91	GAG（谷氨酸）	0.72
UCA（丝氨酸）	0.70	UGU（半胱氨酸）	1.25
UCG（丝氨酸）	0.50	UGC（半胱氨酸）	0.75
AGU（丝氨酸）	0.77	CGU（精氨酸）	1.62
AGC（丝氨酸）	0.63	CGC（精氨酸）	0.95
CCU（脯氨酸）	2.21	CGA（精氨酸）	1.18
CCC（脯氨酸）	0.53	CGG（精氨酸）	0.52
CCA（脯氨酸）	0.88	AGA（精氨酸）	1.40
CCG（脯氨酸）	0.38	AGG（精氨酸）	0.33
ACU（苏氨酸）	1.33	GGU（甘氨酸）	0.78
ACC（苏氨酸）	0.71	GGC（甘氨酸）	0.55
ACA（苏氨酸）	1.32	GGA（甘氨酸）	1.74
ACG（苏氨酸）	0.64	GGG（甘氨酸）	0.94
GCU（丙氨酸）	1.92		

了侵染宿主的嗜性（图 2-4）。

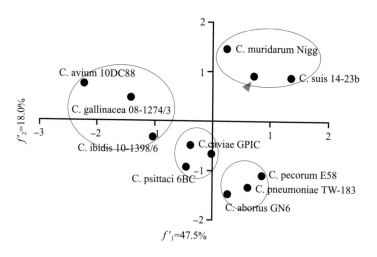

▲ 图 2-4 PCA 分析不同衣原体的同义密码子使用模式的遗传特性

（五）布鲁菌的同义密码子使用模式

布鲁菌（Brucella spp）是一类可导致人畜生殖障碍的胞内寄生革兰阴性菌，严重威胁人类健康及畜牧业发展。感染布鲁菌后，患者表现为波浪热（undulating fever）并伴随关节痛（arthralgia），而大多数感染病例的临床表现类似流感样感染症状，因此很容易被患者忽视。在诸多布鲁菌菌种中，马耳他布鲁菌（Brucella melitensis）在我国流行范围广，对人畜安全威胁大。布鲁菌逃避宿主免疫清除反应（如树突状细胞和巨噬细胞的吞饮和清除）的主要手段是通过调节病原相关分子模式（pathogen-associated molecular pattern）来实现的。与衣原体等严格胞内寄生菌的生长方式不同，布鲁菌能够脱离宿主细胞进行增殖，这有助于菌体基因组复制来积累突变位点，进而增加了能够更好适应宿主的突变菌株。本文以马耳他布鲁菌 QY1 菌株为例，展示同义密码子使用模式在基因组中的遗传特性。马耳他布鲁菌 QY1 菌株拥有两个长度不同的环状基因组，含有 3559 个编码基因（约占基因组的 86.47%），并且其基因组中 GC 含量明显高于 AT 含量。根据基因组学测序分析，马耳他布鲁菌 QY1 菌株的大多数基因编码产物主要参与菌体代谢及菌体复制过程。利用 ENC 计算公式分析马耳他布鲁菌 QY1 菌株的两个基因组中密码子第 3 位 GC 含量对同义密码子使用模式偏嗜性的影响，结果发现，在两种基因组中绝大多数基因具有密码子第 3 位 GC 含量高的特点（图 2-5）。虽然由密码子第 3 位 GC 含量变化引发的核苷酸成分限制压力对同义密码子使用偏嗜性影响显著，但是绝大多数基因的同义密码子使用偏嗜性均低于期望曲线（图 2-5 中灰色倒钟形曲线），这一遗传学现象反映出翻译选择压力等正选择遗传动力对马耳他布鲁菌 QY1 菌株遗传演化的重要影响。

利用 RSCU 计算公式对马耳他布鲁菌 QY1 菌株两个基因组对应的同义密码子使用模式进行计算分析后，发现 1 号基因组和 2 号基因组具有相似的同义密码子使用偏嗜性（表 2-6）。如表 2-6 所示，编码亮氨酸的密码子 CUG、编码异亮氨酸的密码子 AUC、编码丝氨酸的密码子 UCC 和 UCG、编码脯氨酸的密码子 CCG、编码苏氨酸的密码子 ACC、编码精氨酸的密码子 CGC 及编码甘氨酸的密码子 GGC 均被 1 号基因组和 2 号基因组的基因优先选择使用；反之，编码亮氨酸的密码子 UUA、UUG 和 CUA，编码异亮氨酸的密码子 AUA，编码缬氨酸的密码子 GUA，编码脯氨酸的密码子 CCU 和 CCA，编码丝氨酸的密码子 UCU、UCA 和 AGU，编码苏氨酸的密码子 ACU 和 ACA，编码丙氨酸的密码子 GCU，编码酪氨酸的密码子 UAC，编码谷氨酰胺的密码子 CAA，编码半胱氨酸的密码子 UGU，编码精氨酸的密码子 CGA、AGA 和 AGG，以及编码甘氨酸的密码子 GGA 和 CGG，这些均是被两种基因组避免使用的。上述结果表明，优势密码子均由 G 或 C 结尾，然而劣势密码子的结尾却涵盖 A、U、C 和 G 所有的可能性。这也能充分说明核苷酸成分限制

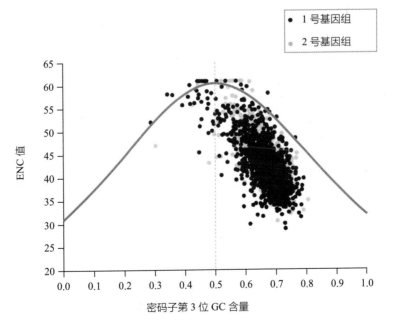

▲ 图 2-5　密码子第 3 位 GC 含量对马耳他布鲁菌 QY1 菌株两种基因组密码子使用偏嗜性的影响

表 2-6　同义密码子使用模式在马耳他布鲁菌 QY1 菌株的两个基因组中的特征

密码子（氨基酸）	1 号基因组	2 号基因组
UUU（苯丙氨酸）	0.66	0.67
UUC（苯丙氨酸）	1.34	1.33
UUA（亮氨酸）	0.06	0.07
UUG（亮氨酸）	0.56	0.60
CUU（亮氨酸）	1.51	1.46
CUC（亮氨酸）	1.29	1.32
CUA（亮氨酸）	0.09	0.09
CUG（亮氨酸）	2.50	2.47
AUU（异亮氨酸）	0.91	0.93
AUC（异亮氨酸）	1.92	1.88
AUA（异亮氨酸）	0.17	0.19
GUU（缬氨酸）	0.89	0.85
GUC（缬氨酸）	1.33	1.36
GUA（缬氨酸）	0.20	0.22
GUG（缬氨酸）	1.57	1.57
UCU（丝氨酸）	0.37	0.35
UCC（丝氨酸）	1.66	1.60
UCA（丝氨酸）	0.41	0.47
UCG（丝氨酸）	1.87	1.72
AGU（丝氨酸）	0.29	0.31
AGC（丝氨酸）	1.40	1.55
CCU（脯氨酸）	0.47	0.48
CCC（脯氨酸）	0.93	1.00
CCA（脯氨酸）	0.37	0.39
CCG（脯氨酸）	2.24	2.13
ACU（苏氨酸）	0.24	0.26
ACC（苏氨酸）	1.73	1.72
ACA（苏氨酸）	0.48	0.53
ACG（苏氨酸）	1.55	1.49

（续表）

密码子（氨基酸）	1号基因组	2号基因组
GCU（丙氨酸）	0.50	0.45
GCC（丙氨酸）	1.53	1.56
GCA（丙氨酸）	0.67	0.70
GCG（丙氨酸）	1.29	1.30
UAU（酪氨酸）	1.51	1.52
UAC（酪氨酸）	0.49	0.48
CAU（组氨酸）	1.31	1.31
CAC（组氨酸）	0.69	0.69
CAA（谷氨酰胺）	0.40	0.46
CAG（谷氨酰胺）	1.60	1.54
AAU（天冬酰胺）	1.06	1.07
AAC（天冬酰胺）	0.94	0.93
AAA（赖氨酸）	0.57	0.65
AAG（赖氨酸）	1.43	1.35
GAU（天冬氨酸）	1.11	1.12
GAC（天冬氨酸）	0.89	0.88
GAA（谷氨酸）	1.29	1.28
GAG（谷氨酸）	0.71	0.72
UGU（半胱氨酸）	0.39	0.42
UGC（半胱氨酸）	1.61	1.58
CGU（精氨酸）	1.13	0.97
CGC（精氨酸）	3.48	3.38
CGA（精氨酸）	0.19	0.21
CGG（精氨酸）	0.80	0.97
AGA（精氨酸）	0.12	0.14
AGG（精氨酸）	0.28	0.33
GGU（甘氨酸）	0.70	0.67
GGC（甘氨酸）	2.52	2.48
GGA（甘氨酸）	0.30	0.31
GGG（甘氨酸）	0.48	0.54

对马耳他布鲁菌 QY1 菌株基因组的优势密码子选择影响显著，然而劣势密码子的形成却需要其他遗传动力来施加遗传压力进而维持其很低水平且被基因组所使用。

（六）金黄色葡萄球菌及其噬菌体的同义密码子使用模式

葡萄球菌（*Staphylococcus*）是一类革兰阳性球状微生物，广泛存在于自然界中，一小部分成员是致病菌。葡萄球菌是医院源交叉感染的主要病原微生物，常见的是化脓性球菌。常见的葡萄球菌病主要是由金黄色葡萄球菌（*Staphylococcus aureus*）感染引起的一种急性或慢性炎症，临床症状表现多样，包括细菌性败血症、脐炎、腱鞘炎、关节炎、创口化脓性感染、乳腺炎等，这对于畜禽养殖业危害巨大。葡萄球菌在显微镜下观察常呈现圆形或卵圆形，葡萄状排列，无荚膜和鞭毛，不产生芽孢。金黄色葡萄球菌是一类条件性致病菌（opportunistic pathogen），其感染主要引发医院源性及社区源性获得性感染（hospital-and community-acquired infection）。多位点序列分型（multilocus sequence typing）发现金黄色葡萄球菌基因组含有高度克隆结构（highly clonal structure）。在金黄色葡萄球菌长期的进化过程中，同源重组（homologous recombination）仍旧是其种群分化的主要遗传动力，并且使金黄色葡萄球菌分化为四个种群。通过对金黄色葡萄球菌不同菌种的基因组进行分析，发现具有致病性的菌种比共生性菌种（commensal strain）具有更多的毒力基因。金黄色葡萄球菌菌种之间的差异性主要是由可移动遗传元件（mobile genetic element）（如噬菌体、毒力岛等）在基因组上活跃程度决定的。可移动遗传元件能够使金黄色葡萄球菌基因组中增添具有新性状的外源基因，由此能够扩大宿主范围，在新的嗜性方面加快遗传演化的速度，最终实现突变菌株稳定遗传。金黄色葡萄球菌噬菌体在推动宿主菌遗传进化方面发挥着重要作用，与此同时，噬菌体与宿主菌之间的遗传共进化又进一步增强了两者的进化速率。噬菌体通常携带很多与宿主菌抗性基因或毒力基因相关的遗传物质，包括杀白细胞素（Panton-Valentine leukocidin）、重组葡激酶（staphylokinase）、肠毒素（enterotoxin）、趋化因子抑制蛋白（chemotaxis-inhibitory protein）及表皮脱落毒素（exfoliative toxin）。同时，噬菌体也能够介导宿主菌基因组中毒力岛的水平迁移。本文选取金黄色葡萄球菌 S.aureus subsp.aureus strain MRSA252 及对应的噬菌体基因组来进行同义密码子使用模式的对比分析。如表 2-7 所示，金黄色葡萄球菌与其噬菌体的同义密码子使用模式具有很强的相似趋势。此外，在这 59 种同义密码子的使用模式中，具有明显差异的同义密码子有 3

表 2-7　金黄色葡萄球菌与其噬菌体的同义密码子使用模式比较

密码子（氨基酸）	金黄色葡萄球菌	噬菌体
UUU（苯丙氨酸）	1.50	1.46
UUC（苯丙氨酸）	0.50	0.54
UUA（亮氨酸）	3.73	3.68
UUG（亮氨酸）	0.85	0.38
CUU（亮氨酸）	0.69	0.86
CUC（亮氨酸）	0.09	0.08
CUA（亮氨酸）	0.52	0.94
CUG（亮氨酸）	0.12	0.07
AUU（异亮氨酸）	1.83	1.56
AUC（异亮氨酸）	0.48	0.29
AUA（异亮氨酸）	0.69	1.15
GUU（缬氨酸）	1.78	1.56
GUC（缬氨酸）	0.36	0.17
GUA（缬氨酸）	1.35	2.08
GUG（缬氨酸）	0.52	0.19
UCU（丝氨酸）	1.37	1.75
UCC（丝氨酸）	0.13	0.19
UCA（丝氨酸）	2.06	1.71
UCG（丝氨酸）	0.38	0.07
AGU（丝氨酸）	1.40	1.86
AGC（丝氨酸）	0.10	0.41
CCU（脯氨酸）	2.00	2.73
CCC（脯氨酸）	0.50	0.11
CCA（脯氨酸）	1.61	0.92
CCG（脯氨酸）	0.44	0.25
ACU（苏氨酸）	1.29	1.60
ACC（苏氨酸）	0.16	0.17
ACA（苏氨酸）	1.96	2.06
ACG（苏氨酸）	0.59	0.18
GCU（丙氨酸）	1.34	1.81

（续表）

密码子（氨基酸）	金黄色葡萄球菌	噬菌体
GCC（丙氨酸）	0.27	0.24
GCA（丙氨酸）	1.78	1.81
GCG（丙氨酸）	0.61	0.14
UAU（酪氨酸）	1.59	1.46
UAC（酪氨酸）	0.41	0.54
CAU（组氨酸）	1.63	1.54
CAC（组氨酸）	0.37	0.46
CAA（谷氨酰胺）	1.78	1.65
CAG（谷氨酰胺）	0.22	0.35
AAU（天冬酰胺）	1.57	1.52
AAC（天冬酰胺）	0.43	0.48
AAA（赖氨酸）	1.65	1.55
AAG（赖氨酸）	0.35	0.45
GAU（天冬氨酸）	1.61	1.54
GAC（天冬氨酸）	0.39	0.46
GAA（谷氨酸）	1.71	1.49
GAG（谷氨酸）	0.29	0.51
UGU（半胱氨酸）	1.70	1.75
UGC（半胱氨酸）	0.30	0.25
CGU（精氨酸）	2.28	0.95
CGC（精氨酸）	0.39	0.09
CGA（精氨酸）	0.85	0.32
CGG（精氨酸）	0.03	0.04
AGA（精氨酸）	2.23	4.08
AGG（精氨酸）	0.21	0.53
GGU（甘氨酸）	2.20	2.13
GGC（甘氨酸）	0.52	0.19
GGA（甘氨酸）	0.99	1.37
GGG（甘氨酸）	0.28	0.31

个，即编码异亮氨酸的密码子 AUA、编码脯氨酸的密码子 CCA 和编码甘氨酸的密码子 GGA。但是，其他同义密码子使用模式所展现出来的趋同性更加反映出噬菌体与宿主菌在长期共进化过程中彼此适应的遗传证据。

（七）立克次体与其自然宿主的同义密码子使用模式

立克次体（rickettsia）是一类严格胞内寄生的革兰阴性菌，能够通过节肢动物（蜱、虱、蚤、螨）在叮咬人体的过程中侵染宿主细胞，可造成斑疹伤寒、战壕热等疾病。其结构主要有多糖构成最表面的黏液层，而黏液层与细胞壁之间由脂多糖和多糖构成微型荚膜，再往深层则是细胞壁层和细胞膜。上述表面结构有助于立克次体抵抗宿主吞噬细胞的吞噬作用。细胞膜内含有由 50S 大亚基和 30S 小亚基构成的核糖体，无核膜和核仁，核质区含有双链 DNA 遗传物质。针对立克次体不同菌株的系统进化树分析，发现可将现有菌株划分为两个斑点热种群（spotted Fever group）、一个加拿大种群（canadensis group）、一个斑疹伤寒种群（typhus group）和一个贝氏种群（bellii group）。通过对立克次体的基因组学分析，发现其基因组能够通过基因不断地丢失来将基因组规模缩短，同时通过基因的水平转移来获得更多新遗传性状，最终导致突变体菌株对新宿主的适应性及致病性增强。关于立克次体的进化主要是围绕其致病性展开的，其中致死性突变的系统性修复及毒素 – 抗毒素系统相关基因的突变是重要的遗传动力。本文以立克次体 R. conorii str. Malish 7 菌株、人类和非洲钝缘蜱（Ornithodorus moubata）的基因组来进行 RSCU 值的计算和比对分析。如表 2-8 所示，立克次体基因组对同义密码子选择的差异性很大，其中使用频率非常低的有编码苯丙氨酸的密码子 UUC（RSCU=0.35）、编码亮氨酸的密码子 CUC（RSCU=0.19）和 CUG（RSCU=0.22）、编码异亮氨酸的密码子 AUC（RSCU=0.37）、编码缬氨酸的密码子 GCC（RSCU=0.31）和 GUG（RSCU=0.43）、编码丝氨酸的密码子 UCC（RSCU=0.40）、编码脯氨酸的密码子 CCC（RSCU=0.26）、编码丙氨酸的密码子 GCG（RSCU=0.29）、编码酪氨酸的密码子 UAC（RSCU=0.34）、编码组氨酸的密码子 CAC（RSCU=0.37）、编码天冬酰胺的密码子 AAC（RSCU=0.40）、编码赖氨酸的密码子 AAG（RSCU=0.42）、编码天冬氨酸的密码子 GAC（RSCU=0.35）、编码精氨酸的密码子 CGC（RSCU=0.38）和 CGG（RSCU=0.20）；反之，一些同义密码子被菌体基因组高频使用，如编码苯丙氨酸的密码子 UUU（RSCU=1.65）、编码亮氨酸的密码子 UUA（RSCU=3.00）、编码缬氨酸的密码子

GUA（RSCU=1.73）、编码脯氨酸的密码子 CCU（RSCU=1.88）、编码苏氨酸的密码子 ACU（RSCU=1.69）、编码酪氨酸的密码子 UAU（RSCU=1.66）、编码天冬氨酸的密码子 GAU（RSCU=1.65）及编码甘氨酸的密码子 GGU（RSCU=1.79）。在与人类和非洲软蜱（中间宿主）的同义密码子使用模式比对分析后，发现立克次体基因组在选择所使用的同义密码子的过程中呈现出来尽量规避宿主基因组所偏爱使用的同义密码子，并且加强了宿主基因组所低频选择密码子的使用频率（表 2-8），包括编码苯丙氨酸的密码子 UUA，编码亮氨酸的密码子 UUA、CUC 和 CUG，编码异亮氨酸的密码子 AUC 和 AUA，编码缬氨酸的密码子 GUA 和 GUG，编码丝氨酸的密码子 UCC，编码脯氨酸的密码子 CCC，编码丙氨酸的密码子 GCC，编码酪氨酸的密码子 UAC，编码组氨酸的密码子 CAC，编码谷氨酰胺的密码子 CAA 和 CAG，编码天冬酰胺的密码子 AAC，编码赖氨酸的密码子 AAG，编码天冬氨酸的密码子 GAC，编码谷氨酸的密码子 GAG，编码精氨酸的密码子 CGC，以及编码甘氨酸的密码子 GGC。这种同义密码子使用模式能够反映出立克次体在适应宿主过程中的一种经典遗传策略，即规避与宿主翻译系统争夺翻译资源（如 tRNA 等），只利用宿主极少使用的翻译资源来实现自身生命活动，最终实现与宿主共存及共进化。

三、同义密码子使用模式在真核生物进化中的作用

本部分将重点介绍几种在科学研究中经常使用的模式真核生物及高等动物同义密码子使用模式，这将有助于读者了解真核生物在同义密码子使用模式形成过程中遗传的复杂性和多变性。

（一）酵母菌的同义密码子使用模式

酵母菌（yeast）是一种单细胞真核生物，是一种典型的异养兼性厌氧微生物，广泛分布于自然界中。由于其具有在无氧或有氧条件下均能够存活及新陈代谢的生物学特性，被广泛用于生物工程领域中作为遗传工程、细胞工程及外源基因高效表达领域。研究人员利用基因组学技术开展了以酿酒酵母为代表的相关遗传学研究，并且确定了菌体长约 12 000kb 的基因组中约含有 5800 多个基因来编码蛋白质。这也反映出酵母菌基因组中平均每 2kb 的核酸序列就会出现一个编码蛋白质的

表 2-8 立克次体与其宿主的同义密码子使用模式比较

密码子（氨基酸）	立克次体	人 类	蜱
UUU（苯丙氨酸）	1.65	0.93	0.67
UUC（苯丙氨酸）	0.35	1.07	1.33
UUA（亮氨酸）	3.00	0.46	0.24
UUG（亮氨酸）	0.56	0.77	1.02
CUU（亮氨酸）	1.25	0.79	0.96
CUC（亮氨酸）	0.19	1.17	1.50
CUA（亮氨酸）	0.77	0.43	0.51
CUG（亮氨酸）	0.22	2.37	1.78
AUU（异亮氨酸）	1.36	1.08	0.99
AUC（异亮氨酸）	0.37	1.41	1.61
AUA（异亮氨酸）	1.27	0.51	0.40
GUU（缬氨酸）	1.53	0.73	1.02
GUC（缬氨酸）	0.31	0.95	1.28
GUA（缬氨酸）	1.73	0.47	0.40
GUG（缬氨酸）	0.43	1.85	1.30
UCU（丝氨酸）	1.45	1.13	1.15
UCC（丝氨酸）	0.40	1.31	1.22
UCA（丝氨酸）	1.24	0.90	0.63
UCG（丝氨酸）	0.49	0.33	0.75
AGU（丝氨酸）	1.48	0.90	0.65
AGC（丝氨酸）	0.93	1.44	1.60
CCU（脯氨酸）	1.88	1.15	0.86
CCC（脯氨酸）	0.26	1.29	1.42
CCA（脯氨酸）	0.78	1.11	1.00
CCG（脯氨酸）	1.08	0.45	0.72
ACU（苏氨酸）	1.69	0.99	0.90
ACC（苏氨酸）	0.65	1.42	1.17
ACA（苏氨酸）	1.12	1.14	0.92
ACG（苏氨酸）	0.54	0.46	1.01

（续表）

密码子（氨基酸）	立克次体	人 类	蜱
GCU（丙氨酸）	1.63	1.06	1.11
GCC（丙氨酸）	0.50	1.60	1.39
GCA（丙氨酸）	1.58	0.91	0.97
GCG（丙氨酸）	0.29	0.42	0.53
UAU（酪氨酸）	1.66	0.89	0.55
UAC（酪氨酸）	0.34	1.11	1.45
CAU（组氨酸）	1.63	0.84	0.60
CAC（组氨酸）	0.37	1.16	1.40
CAA（谷氨酰胺）	1.50	0.53	0.71
CAG（谷氨酰胺）	0.50	1.47	1.29
AAU（天冬酰胺）	1.60	0.94	0.63
AAC（天冬酰胺）	0.40	1.06	1.37
AAA（赖氨酸）	1.58	0.87	0.63
AAG（赖氨酸）	0.42	1.13	1.37
GAU（天冬氨酸）	1.65	0.93	0.64
GAC（天冬氨酸）	0.35	1.07	1.36
GAA（谷氨酸）	1.47	0.84	0.93
GAG（谷氨酸）	0.53	1.16	1.07
UGU（半胱氨酸）	1.32	0.91	0.72
UGC（半胱氨酸）	0.68	1.09	1.28
CGU（精氨酸）	1.53	0.48	1.21
CGC（精氨酸）	0.38	1.10	1.38
CGA（精氨酸）	0.52	0.65	0.73
CGG（精氨酸）	0.20	1.21	0.61
AGA（精氨酸）	2.68	1.29	0.91
AGG（精氨酸）	0.69	1.27	1.17
GGU（甘氨酸）	1.79	0.65	0.90
GGC（甘氨酸）	0.67	1.35	1.40
GGA（甘氨酸）	1.08	1.00	1.25
GGG（甘氨酸）	0.46	1.00	0.46

基因。酵母菌所含基因如此紧密地排列在基因组中与其缺少一定数量内含子有关。对酵母基因组进一步分析，还发现多数酵母菌染色体是由 GC 含量高的 DNA 序列及 GC 含量低的 DNA 序列相互嵌合构成的，其中 GC 含量高的 DNA 序列占主体地位。这种核苷酸组分的分布特征是与酵母染色体结构、基因疏密性及 DNA 重组频率有关。观察发现，GC 含量高的 DNA 序列一般位于染色体臂的中间区域，而此区域的基因密度高；反之，GC 含量较低的 DNA 序列一般靠近染色体的着丝粒和端粒附近，并且含有基因的数目明显较低。此外，大量 DNA 重复序列存在于酵母基因组中，其中一部分是序列完全一致的 DNA 序列。基因之间的间隔区域含有大量三核苷酸 DNA 重复序列，被称为遗传冗余（genetic redundancy）。在酵母菌染色体中，多条染色体末端拥有长度超过数十 kb 的高度同源序列区，这一区域也是遗传冗余的主要集中区域并且发生 DNA 重组的频率很高。同时，酵母菌染色体含有成簇同源区（cluster homology region，CHR）构成的大片段同源 DNA 序列。由于 CHR 含有多个排列次序和转录方向十分保守的同源基因，这使得 CHR 在结构上处于染色体大片段重复区与完全分化后 DNA 序列之间的过渡态，被认为是开展酵母遗传进化研究的良好目标序列区，也被称为基因重复的化石。在研究酵母菌遗传演化过程中基因具有的同义密码子使用模式时，研究人员发现核苷酸成分介导的突变选择压力、翻译选择压力及遗传漂移是造成菌体染色体同义密码子使用模式的主要因素。酿酒酵母染色体含有基因的高效表达和低效表达在同义密码子使用模式上存在着差异性。翻译选择压力是高表达基因和低表达基因遗传进化的主要遗传动力，这种选择压力能够使基因的同义密码子使用模式与宿主细胞中 tRNA 表达的含量密切相关，如酿酒酵母的高表达基因就与其 tRNA 表达含量正相关。生物工程领域的科研人员也是基于上述优势密码子与 tRNA 表达含量之间的相关性来指导通过基因改造在酵母菌中高效表达外源基因。本文以酿酒酵母菌 S288C 的 16 条染色体为研究对象，利用 RSCU 计算公式进行相关计算。如表 2-9 和表 2-10 所示，酿酒酵母菌 S288C 的 16 条染色体对同义密码子的选择模式具有相似的偏嗜性。这一遗传特性有助于菌体不同基因在复制、转录及翻译过程中可以按照相似的同义密码子使用偏嗜性来进行相关调控。其中，编码丝氨酸的密码子 UCU、编码脯氨酸的密码子 CCA、编码精氨酸的密码子 AGA、编码甘氨酸的密码子 GGU 和 GGG 都是被所有染色体高频使用的，而编码脯氨酸的密码子 CCG、编码苏氨酸的密码子 ACG、编码丙氨酸的密码子 CGC、CGA 和 CGG 被使用的频率极低。这些同义密码子使用偏嗜性反映

表 2-9　酿酒酵母 Ⅰ～Ⅸ 号染色体同义密码子使用模式的特点

密码子（氨基酸）	Ⅰ	Ⅱ	Ⅲ	Ⅳ	Ⅴ	Ⅵ	Ⅶ	Ⅷ
UUU（苯丙氨酸）	1.07	1.19	1.15	1.20	1.19	1.15	1.20	1.16
UUC（苯丙氨酸）	0.93	0.81	0.85	0.80	0.81	0.85	0.80	0.84
UUA（亮氨酸）	1.42	1.67	1.51	1.74	1.59	1.48	1.72	1.68
UUG（亮氨酸）	1.76	1.72	1.70	1.63	1.67	1.76	1.71	1.70
CUU（亮氨酸）	0.7	0.77	0.80	0.77	0.75	0.83	0.76	0.74
CUC（亮氨酸）	0.4	0.35	0.43	0.35	0.36	0.36	0.33	0.34
CUA（亮氨酸）	0.85	0.83	0.81	0.87	0.84	0.84	0.85	0.85
CUG（亮氨酸）	0.88	0.66	0.76	0.65	0.77	0.72	0.62	0.69
AUU（异亮氨酸）	1.3	1.40	1.32	1.39	1.39	1.40	1.39	1.37
AUC（异亮氨酸）	0.96	0.79	0.84	0.74	0.79	0.81	0.79	0.80
AUA（异亮氨酸）	0.74	0.82	0.84	0.87	0.82	0.79	0.82	0.83
GUU（缬氨酸）	1.36	1.60	1.47	1.58	1.49	1.55	1.59	1.48
GUC（缬氨酸）	0.98	0.82	0.82	0.79	0.82	0.87	0.80	0.84
GUA（缬氨酸）	0.72	0.87	0.83	0.89	0.86	0.78	0.85	0.88
GUG（缬氨酸）	0.94	0.72	0.89	0.75	0.83	0.81	0.76	0.80
UCU（丝氨酸）	1.61	1.56	1.47	1.55	1.61	1.52	1.58	1.55
UCC（丝氨酸）	1.04	0.96	1.02	0.89	0.97	0.99	0.96	0.94
UCA（丝氨酸）	1.14	1.29	1.27	1.33	1.18	1.22	1.27	1.26
UCG（丝氨酸）	0.62	0.56	0.64	0.57	0.6	0.62	0.57	0.57
AGU（丝氨酸）	0.94	0.97	0.95	1.00	0.93	1.00	0.97	0.98
AGC（丝氨酸）	0.66	0.66	0.65	0.66	0.72	0.66	0.64	0.70
CCU（脯氨酸）	1.04	1.22	1.22	1.27	1.22	1.25	1.24	1.26
CCC（脯氨酸）	0.69	0.63	0.72	0.59	0.7	0.70	0.61	0.63
CCA（脯氨酸）	1.75	1.64	1.54	1.65	1.61	1.56	1.68	1.64
CCG（脯氨酸）	0.51	0.50	0.52	0.49	0.47	0.49	0.48	0.47
ACU（苏氨酸）	1.33	1.39	1.37	1.36	1.43	1.27	1.38	1.36
ACC（苏氨酸）	1.08	0.83	0.86	0.83	0.83	0.88	0.83	0.89
ACA（苏氨酸）	1.13	1.23	1.17	1.27	1.17	1.21	1.23	1.22
ACG（苏氨酸）	0.47	0.55	0.60	0.53	0.57	0.64	0.56	0.53

（续表）

密码子（氨基酸）	I	II	III	IV	V	VI	VII	VIII
GCU（丙氨酸）	1.40	1.50	1.39	1.50	1.44	1.39	1.52	1.45
GCC（丙氨酸）	1.06	0.90	0.97	0.85	0.93	0.90	0.86	0.88
GCA（丙氨酸）	1.08	1.16	1.15	1.20	1.19	1.20	1.19	1.19
GCG（丙氨酸）	0.45	0.44	0.49	0.44	0.44	0.50	0.43	0.48
UAU（酪氨酸）	1.02	1.12	1.12	1.16	1.1	1.19	1.13	1.12
UAC（酪氨酸）	0.98	0.88	0.88	0.84	0.9	0.81	0.87	0.88
CAU（组氨酸）	1.15	1.28	1.16	1.30	1.28	1.26	1.30	1.25
CAC（组氨酸）	0.85	0.72	0.84	0.70	0.72	0.74	0.70	0.75
CAA（谷氨酰胺）	1.32	1.39	1.34	1.39	1.32	1.38	1.39	1.34
CAG（谷氨酰胺）	0.68	0.61	0.66	0.61	0.68	0.62	0.61	0.66
AAU（天冬酰胺）	1.11	1.20	1.17	1.22	1.17	1.17	1.20	1.18
AAC（天冬酰胺）	0.89	0.80	0.83	0.78	0.83	0.83	0.80	0.82
AAA（赖氨酸）	1.09	1.16	1.16	1.19	1.17	1.14	1.16	1.16
AAG（赖氨酸）	0.91	0.84	0.84	0.81	0.83	0.86	0.84	0.84
GAU（天冬氨酸）	1.19	1.30	1.25	1.32	1.28	1.27	1.31	1.27
GAC（天冬氨酸）	0.81	0.70	0.75	0.68	0.72	0.73	0.69	0.73
GAA（谷氨酸）	1.35	1.41	1.40	1.41	1.39	1.36	1.42	1.39
GAG（谷氨酸）	0.65	0.59	0.60	0.59	0.61	0.64	0.58	0.61
UGU（半胱氨酸）	1.16	1.25	1.18	1.28	1.21	1.20	1.24	1.22
UGC（半胱氨酸）	0.84	0.75	0.82	0.72	0.79	0.80	0.76	0.78
CGU（精氨酸）	0.83	0.87	0.85	0.84	0.84	0.83	0.89	0.92
CGC（精氨酸）	0.47	0.33	0.46	0.34	0.35	0.43	0.33	0.38
CGA（精氨酸）	0.40	0.38	0.42	0.42	0.42	0.41	0.38	0.45
CGG（精氨酸）	0.34	0.22	0.29	0.23	0.26	0.29	0.23	0.27
AGA（精氨酸）	2.69	2.94	2.68	2.89	2.76	2.76	2.93	2.75
AGG（精氨酸）	1.27	1.25	1.31	1.27	1.37	1.28	1.25	1.23
GGU（甘氨酸）	1.85	1.86	1.79	1.83	1.74	1.85	1.89	1.76
GGC（甘氨酸）	0.86	0.77	0.83	0.79	0.81	0.79	0.74	0.81
GGA（甘氨酸）	0.76	0.88	0.87	0.93	0.92	0.85	0.89	0.94
GGG（甘氨酸）	0.54	0.49	0.51	0.46	0.53	0.52	0.48	0.49

表 2-10　酿酒酵母 Ⅹ～ⅩⅥ号染色体同义密码子使用模式的特点

密码子（氨基酸）	Ⅸ	Ⅹ	Ⅺ	Ⅻ	ⅩⅢ	ⅩⅣ	ⅩⅤ	ⅩⅥ
UUU（苯丙氨酸）	1.19	1.18	1.19	1.18	1.20	1.20	1.19	1.22
UUC（苯丙氨酸）	0.81	0.82	0.81	0.82	0.80	0.80	0.81	0.78
UUA（亮氨酸）	1.59	1.66	1.59	1.66	1.68	1.62	1.66	1.68
UUG（亮氨酸）	1.67	1.65	1.67	1.68	1.66	1.67	1.67	1.64
CUU（亮氨酸）	0.75	0.79	0.75	0.79	0.79	0.79	0.80	0.79
CUC（亮氨酸）	0.36	0.37	0.36	0.35	0.34	0.36	0.34	0.35
CUA（亮氨酸）	0.84	0.84	0.84	0.85	0.86	0.87	0.86	0.88
CUG（亮氨酸）	0.77	0.68	0.77	0.66	0.66	0.70	0.67	0.67
AUU（异亮氨酸）	1.39	1.38	1.39	1.39	1.35	1.38	1.39	1.37
AUC（异亮氨酸）	0.79	0.79	0.79	0.77	0.78	0.77	0.77	0.76
AUA（异亮氨酸）	0.82	0.83	0.82	0.84	0.87	0.86	0.84	0.87
GUU（缬氨酸）	1.49	1.56	1.49	1.54	1.58	1.50	1.57	1.56
GUC（缬氨酸）	0.82	0.81	0.82	0.81	0.77	0.80	0.80	0.79
GUA（缬氨酸）	0.86	0.82	0.86	0.88	0.91	0.91	0.87	0.90
GUG（缬氨酸）	0.83	0.80	0.83	0.77	0.75	0.79	0.76	0.75
UCU（丝氨酸）	1.61	1.58	1.61	1.53	1.52	1.56	1.61	1.58
UCC（丝氨酸）	0.97	0.95	0.97	0.96	0.93	0.95	0.92	0.90
UCA（丝氨酸）	1.18	1.26	1.18	1.27	1.31	1.26	1.26	1.29
UCG（丝氨酸）	0.60	0.56	0.60	0.61	0.58	0.59	0.59	0.57
AGU（丝氨酸）	0.93	1.00	1.22	1.24	1.24	0.97	0.97	0.99
AGC（丝氨酸）	0.72	0.66	0.70	0.64	0.64	0.66	0.65	0.66
CCU（脯氨酸）	1.22	1.25	1.61	1.61	1.63	1.22	1.25	1.26
CCC（脯氨酸）	0.70	0.63	0.47	0.50	0.49	0.64	0.64	0.61
CCA（脯氨酸）	1.61	1.63	1.43	1.34	1.37	1.62	1.60	1.64
CCG（脯氨酸）	0.47	0.49	0.83	0.84	0.87	0.52	0.52	0.49
ACU（苏氨酸）	1.43	1.38	1.17	1.24	1.23	1.38	1.36	1.37
ACC（苏氨酸）	0.83	0.83	0.57	0.58	0.53	0.86	0.85	0.79
ACA（苏氨酸）	1.17	1.23	1.44	1.51	1.49	1.23	1.23	1.27
ACG（苏氨酸）	0.57	0.55	0.93	0.87	0.88	0.54	0.56	0.56

（续表）

密码子（氨基酸）	Ⅸ	Ⅹ	Ⅺ	Ⅻ	ⅩⅢ	ⅩⅣ	ⅩⅤ	ⅩⅥ
GCU（丙氨酸）	1.44	1.45	1.19	1.17	1.19	1.43	1.46	1.46
GCC（丙氨酸）	0.93	0.90	0.44	0.46	0.44	0.89	0.87	0.88
GCA（丙氨酸）	1.19	1.20	1.10	1.11	1.13	1.22	1.22	1.19
GCG（丙氨酸）	0.44	0.45	0.90	0.89	0.87	0.45	0.46	0.47
UAU（酪氨酸）	1.10	1.12	1.28	1.28	1.30	1.13	1.14	1.15
UAC（酪氨酸）	0.90	0.88	0.72	0.72	0.70	0.87	0.86	0.85
CAU（组氨酸）	1.28	1.29	1.32	1.36	1.37	1.28	1.30	1.32
CAC（组氨酸）	0.72	0.71	0.68	0.64	0.63	0.72	0.70	0.68
CAA（谷氨酰胺）	1.32	1.36	1.17	1.17	1.20	1.35	1.38	1.37
CAG（谷氨酰胺）	0.68	0.64	0.83	0.83	0.80	0.65	0.62	0.63
AAU（天冬酰胺）	1.17	1.20	1.17	1.16	1.18	1.20	1.20	1.21
AAC（天冬酰胺）	0.83	0.80	0.83	0.84	0.82	0.80	0.80	0.79
AAA（赖氨酸）	1.17	1.17	1.28	1.29	1.30	1.16	1.19	1.17
AAG（赖氨酸）	0.83	0.83	0.72	0.71	0.70	0.84	0.81	0.83
GAU（天冬氨酸）	1.28	1.31	1.39	1.39	1.41	1.31	1.32	1.31
GAC（天冬氨酸）	0.72	0.69	0.61	0.61	0.59	0.69	0.68	0.69
GAA（谷氨酸）	1.39	1.41	1.21	1.22	1.25	1.40	1.40	1.40
GAG（谷氨酸）	0.61	0.59	0.79	0.78	0.75	0.60	0.60	0.60
UGU（半胱氨酸）	1.21	1.24	0.84	0.84	0.84	1.22	1.25	1.24
UGC（半胱氨酸）	0.79	0.76	0.35	0.37	0.37	0.78	0.75	0.76
CGU（精氨酸）	0.84	0.84	0.42	0.44	0.43	0.86	0.85	0.80
CGC（精氨酸）	0.35	0.36	0.26	0.26	0.25	0.37	0.34	0.35
CGA（精氨酸）	0.42	0.44	0.93	0.97	0.98	0.42	0.46	0.41
CGG（精氨酸）	0.26	0.27	0.72	0.67	0.67	0.25	0.24	0.25
AGA（精氨酸）	2.76	2.83	2.76	2.84	2.81	2.78	2.85	2.88
AGG（精氨酸）	1.37	1.26	1.37	1.24	1.30	1.32	1.27	1.31
GGU（甘氨酸）	1.74	1.79	1.74	1.80	1.84	1.82	1.83	1.78
GGC（甘氨酸）	0.81	0.80	0.81	0.80	0.79	0.79	0.77	0.78
GGA（甘氨酸）	0.92	0.92	0.92	0.90	0.88	0.90	0.92	0.94
GGG（甘氨酸）	0.53	0.49	0.53	0.49	0.49	0.49	0.48	0.50

出酿酒酵母所有基因在选择同义密码子的过程中受到了翻译选择压力的影响，这对于在利用相关酵母菌来进行外源基因表达是具有参考价值的。

（二）秀丽隐杆线虫的同义密码子使用模式与 tRNA 之间的相关性

秀丽隐杆线虫（*Caenorhabditis elegans*，*C. elegans*）是一种分子生物学与发育生物学相关研究领域中的常用模式生物。秀丽隐杆线虫体内的所有细胞数目恒定，并且每个细胞均能溯源到相关生物学功能。秀丽隐杆线虫的幼虫含有 556 个体细胞及两个原始生殖细胞，而成虫根据性别差异会拥有相对应的细胞数。在秀丽隐杆线虫发育过程中最常见的就是雌雄同体成虫（含 959 个体细胞和 2000 个生殖细胞）。秀丽隐杆线虫生命周期很短，约为 3.5 天。作为分子生物学与发育生物研究的主角之一，其具有从生活环境中摄取核酸链的能力，这也是最简单的基因导入模式。如今，秀丽隐杆线虫由于其具有清晰的遗传背景、简单的个体结构、很短的生命周期及完整的基因组学数据等特征，已经被广泛应用到人类疾病研究、遗传发育研究、病原体与宿主互作、药物筛选、环境生物学及细胞信号转导等研究领域。

在秀丽隐杆线虫基因组分析的基础上，研究人员有机会将同义密码子使用模式与 tRNA 表达含量之间相关性进行研究。利用计算机程序 tRNAscan-SE 对全基因组的分析后，发现秀丽隐杆线虫含有 579 个 tRNA 基因拷贝及 207 个 tRNA 样假基因拷贝。结合秀丽隐杆线虫具有的同义密码子使用模式（表 2-11），其体内表达的 tRNA 主要识别那些 RSCU 值高的同义密码子。例如，tRNA 的反密码子 AGC 就优先识别编码丙氨酸的密码子 GCU（RSCU=1.63）和 GCG（RSCU=1.4），反密码子 AAG 优先识别编码亮氨酸的密码子 CUC（RSCU=1.92）和 CUU（RSCU=1.76），反密码子 AAC 优先识别编码缬氨酸的密码子 GUC（RSCU=1.56）和 GUU（RSCU=1.47），以及反密码子 UCC 优先识别编码甘氨酸的密码子 GGA（RSCU=2.77）等。这些结果均表明线虫体内 tRNA 含量与同义密码子使用模式的形成相关，同时也说明翻译选择压力在其同义密码子使用模式形成过程中发挥作用。

（三）果蝇的同义密码子使用模式

果蝇（drosophila）是生物学和遗传学研究中最重要的模式生物之一。研究人员最初利用黑腹果蝇（*D. melanogaster*）作为模式生物，借助杂交和子代表型计数

表 2-11　秀丽隐杆线虫具有的同义密码子使用模式

密码子（氨基酸）	RSCU 值	密码子（氨基酸）	RSCU 值
UUU（苯丙氨酸）	0.50	GCC（丙氨酸）	1.40
UUC（苯丙氨酸）	1.50	GCA（丙氨酸）	0.66
UUA（亮氨酸）	0.19	GCG（丙氨酸）	0.31
UUG（亮氨酸）	1.25	UAU（酪氨酸）	0.65
CUU（亮氨酸）	1.76	UAC（酪氨酸）	1.35
CUC（亮氨酸）	1.92	CAU（组氨酸）	0.77
CUA（亮氨酸）	0.19	CAC（组氨酸）	1.23
CUG（亮氨酸）	0.69	CAA（谷氨酰胺）	1.19
AUU（异亮氨酸）	1.16	CAG（谷氨酰胺）	0.81
AUC（异亮氨酸）	1.75	AAU（天冬酰胺）	0.78
AUA（异亮氨酸）	0.10	AAC（天冬酰胺）	1.22
GUU（缬氨酸）	1.47	AAA（赖氨酸）	0.59
GUC（缬氨酸）	1.56	AAG（赖氨酸）	1.41
GUA（缬氨酸）	0.25	GAU（天冬氨酸）	1.08
GUG（缬氨酸）	0.71	GAC（天冬氨酸）	0.92
UCU（丝氨酸）	1.31	GAA（谷氨酸）	0.92
UCC（丝氨酸）	1.39	GAG（谷氨酸）	1.08
UCA（丝氨酸）	0.99	UGU（半胱氨酸）	0.72
UCG（丝氨酸）	0.98	UGC（半胱氨酸）	1.28
AGU（丝氨酸）	0.55	CGU（精氨酸）	2.09
AGC（丝氨酸）	0.78	CGC（精氨酸）	1.34
CCU（脯氨酸）	0.38	CGA（精氨酸）	0.62
CCC（脯氨酸）	0.19	CGG（精氨酸）	0.24
CCA（脯氨酸）	2.82	AGA（精氨酸）	1.56
CCG（脯氨酸）	0.38	AGG（精氨酸）	0.15
ACU（苏氨酸）	1.29	GGU（甘氨酸）	0.69
ACC（苏氨酸）	1.50	GGC（甘氨酸）	0.40
ACA（苏氨酸）	0.79	GGA（甘氨酸）	2.77
ACG（苏氨酸）	0.42	GGG（甘氨酸）	0.15
GCU（丙氨酸）	1.63		

的策略，建立了染色体理论，并奠定了经典遗传学基础。随着利用果蝇在生物学领域中的不断研究，研究人员发现果蝇在基本的生物学、生理学和神经系统功能方面具有一定的相似性，因此自然而然地被选作人类疾病相关研究的模式生物。由于其清晰的遗传背景及简便的实验操作，其在遗传学、发育生物学、生物化学及分子生物学等多个领域都占据了不可替代的位置。随着果蝇全基因组测序工作的完成，它在胚胎发育、基因表达调控、疾病发病机制等方面的研究中正在发挥更大的作用。研究人员选用 12 种果蝇作为密码子使用模式相关遗传特征的研究对象，包括 *D. melanogaster*（Dmel）、*D. simulans*（Dsim）、*D. sechellia*（Dsec）、*D. yakuba*（Dyak）、*D. erecta*（Dere）、*D. ananassae*（Dana）、*D. pseudoobscura*（Dpse）、*D. persimilis*（Dper）、*D. willistoni*（Dwil）、*D. mojavensis*（Dmoj）、*D. virilis*（Dvir）和 *D. grimshawi*（Dgri）。利用 ENC 计算公式对上述果蝇的密码子使用模式进行了测算，并且发现不同种的果蝇在密码子使用方面差异明显，体现出了种的特异性（图 2-6）。在分析对比 12 种果蝇的 ENC 值后，Dwil 种的果蝇明显整体同义密码子使用偏嗜性最弱，而 Dpse 和 Dper 比其他种的果蝇在整体同义密码子使用方面具有更强的偏嗜性。虽然不同种类果蝇整体密码子使用偏嗜性差异显著，但是针对每一类同义密码子家族使用模式进行分析发现一些氨基酸均会选择相同的密码子作为优势密码子，如编码精氨酸的密码子 CGC、编码亮氨酸的密码子 CUG、编码甘氨酸的密码子 GGC 及编码缬氨酸的密码子 GUG。

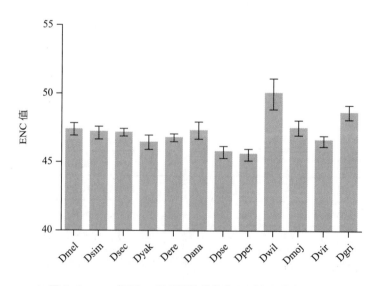

▲ 图 2-6　ENC 评测 12 种果蝇的总体密码子使用偏嗜性的特点

（四）同义密码子使用模式在斑马鱼胚胎发育中的作用

由于斑马鱼（zebrafish）养殖方便、繁殖周期短、产卵量大、胚胎体外受精、体外发育、胚体透明，已成为生命科学研究的新宠。通过基因组学分析，斑马鱼基因组的数目与人类的数目较为接近，约为 30 000 个基因，并且通过鉴定发现了许多基因与人类相关基因在生物学功能上具有很高的相似性。例如，斑马鱼的视觉系统、内脏器官、血液循环系统及神经系统的相关调控基因在核苷酸一致性方面能够达到 80% 以上，尤其是在胚胎早期发育过程中心脏和心血管系统与人类的极为相似。另外，斑马鱼相关肿瘤的发生机制也与人类相似度高。因此，斑马鱼是研究人类疾病的理想模型。不仅如此，斑马鱼成为科研界的宠儿还与其自身繁殖能力、胚胎发育能力、与之相关的实验操作技术的发展程度息息相关。针对斑马鱼研究的基因活性移植技术、转基因技术、基因突变技术、细胞标记技术、单倍体育种技术及细胞标记技术均很成熟，由此已经获得了数千个斑马鱼胚胎突变体。这些突变体对于深入研究遗传与疾病之间的相关性提供了可靠的物质基础。在斑马鱼的生命周期中，mRNA 稳定性的控制在基因表达中发挥着关键作用。对于后生动物（metazoan）来说，发育最初阶段是受到母本 mRNA 表达水平影响的。当母本 mRNA 降解时会引发发育进程从母本向合子状态过渡（maternal-to-zygotic transition）。当斑马鱼的编码序列内部含有一定量非优势密码子时，CCR4-NOT 复合物就会以翻译依赖模式（translation-dependent manner）来介导相关转录出的 mRNA 去氨基化并发生降解。此外，密码子使用模式介导 mRNA 降解也需要其 3′UTR 的参与，这是因为若 3′UTR 长度达到一定时，就会阻止密码子使用模式介导的 mRNA 去氨基化反应的发生。在斑马鱼合子衰变（zygotic decay）的相关信号通路中，miRNA（miR-430）能够以 mRNA 中的密码子对 GCACUU 为靶点进行结合，最终介导相应母本 mRNA 的降解。

（五）胚胎干细胞的同义密码子使用模式

胚胎干细胞（embryonic stem cell，ESC）是早期胚胎（原肠胚期之前）或原始性腺中分离出来的一类细胞。ESC 具有在体外无限增殖培养、自我更新（self-renewing）及多种分化方向等特点。无论在体内还是体外环境条件下诱导分化，ESC 均能特定分化为机体的几乎所有细胞类型。ESC 不仅能够作为体外研究细胞分化和发育调控机制的理想实验模型，而且还可以发挥类似载体的作用将通过同源重组的基因组定点突变导入体内来影响相关细胞或组织的生理或病理活性。因此，深入研究 ESC 遗传特性将有助于推动其在临床疾病治疗中的疗效。这主要是因为 ESC 具有全能性与多能性。ESC 的全能性是指其在无抑制分化的培养环境中展示出能够发育成为任何组织细胞的潜能，即 ESC 具有发育成为完整动物机体的潜能；ESC 的多能性是指其具有发育成各种组织的潜能，并参与部分组织的形成。与普通细胞的生物学特征相比，ESC 具有特定的生物标志物及分化特性。例如，碱性磷酸酶活性很高，在细胞表面表达胚胎阶段特异性抗原分子（stage-specific embryonic antigen），能够在体外永久生长繁殖并保证核型正常，具有高水平的端粒酶活性等。而这些特有的生物学活性也在很大程度上反映出 ESC 与常规细胞在遗传学方面的差异。虽然同义密码子使用模式能够影响所有生命体复制、转录及翻译进程，但是 ESC 作为一类特殊的细胞在同义密码子使用模式方面很可能也具有特定的遗传学特征。利用转录组学分析技术，研究人员针对 ESC 在自我更新和自我分化进程中同义密码子使用模式变化对相关基因表达的影响，发现在 ESC 分化过程中同义密码子使用模式变化差异显著，并且这一现象与分化相关表达基因的 GC 含量相关。通过核糖体与 tRNA 结合的活性位点差异来分析同义密码子使用的频次，研究人员还发现 ESC 自我更新过程中能够通过肌苷修饰 tRNA 反密码子环来进行基因表达所需同义密码子的优化。这能够解释为什么在人源多能干细胞中会含有大量的肌苷物质。

（六）哺乳动物的同义密码子使用模式

本部分将以小鼠、牛、猫、雪貂、马、狗、兔为例，介绍不同哺乳动物同义密码子使用模式的异同点。如表 2-12 所示，这些哺乳动物在很多同义密码子使用偏嗜性上表现出很强的相似性，但是也有几种同义密码子的使用出现了明显差异。这其中包括编码丝氨酸的密码子 AGU、编码脯氨酸的密码子 CCC 和 CCG、编码苏氨酸的密码子 ACC 和 ACG、编码丙氨酸的密码子 GCC 和 GCG。这些同义密码子使用的偏嗜性也在一定程度上反映出来同义密码子使用偏嗜性的物种特异性。此外，根据编码亮氨酸的密码子 UUA 和 CUA（RSCU ＜ 0.5）、编码异亮氨酸的密码子 AUA（RSCU ＜ 0.5）、编码缬氨酸的密码子 GUA（RSCU ＜ 0.5）、编码丝氨酸的密码子 UCG（RSCU ＜ 0.5）、编码精氨酸的密码子 CGU（RSCU ＜ 0.6）、编码亮氨酸的密码子 CUG（RSCU ＞ 2.00）、编码缬氨酸的密码子 GUG（RSCU ＞ 1.6）在不

表 2-12　不同哺乳动物同义密码子使用模式

密码子（氨基酸）	小鼠	牛	猫	雪貂	马	狗	兔
UUU（苯丙氨酸）	0.88	0.85	0.81	0.71	0.83	0.82	0.73
UUC（苯丙氨酸）	1.12	1.15	1.19	1.29	1.17	1.18	1.27
UUA（亮氨酸）	0.40	0.38	0.35	0.26	0.33	0.35	0.31
UUG（亮氨酸）	0.79	0.71	0.76	0.64	0.72	0.71	0.63
CUU（亮氨酸）	0.79	0.70	0.67	0.59	0.73	0.70	0.58
CUC（亮氨酸）	1.20	1.26	1.29	1.56	1.32	1.30	1.36
CUA（亮氨酸）	0.48	0.36	0.36	0.38	0.34	0.39	0.28
CUG（亮氨酸）	2.34	2.59	2.57	2.57	2.56	2.56	2.83
AUU（异亮氨酸）	1.02	0.98	0.95	0.83	0.92	0.96	0.86
AUC（异亮氨酸）	1.49	1.57	1.58	1.86	1.66	1.59	1.78
AUA（异亮氨酸）	0.49	0.45	0.47	0.32	0.42	0.45	0.36
GUU（缬氨酸）	0.69	0.64	0.62	0.39	0.60	0.58	0.54
GUC（缬氨酸）	1.00	1.01	1.13	1.35	1.08	1.07	1.11
GUA（缬氨酸）	0.48	0.40	0.38	0.30	0.35	0.41	0.30
GUG（缬氨酸）	1.84	1.95	1.87	1.96	1.97	1.94	2.06
UCU（丝氨酸）	1.18	1.04	1.04	0.88	0.99	1.00	0.88
UCC（丝氨酸）	1.31	1.37	1.38	1.65	1.30	1.34	1.64
UCA（丝氨酸）	0.86	0.79	0.70	0.59	0.73	0.71	0.65
UCG（丝氨酸）	0.30	0.39	0.36	0.43	0.31	0.34	0.48
AGU（丝氨酸）	0.92	0.87	1.02	0.76	1.24	1.13	0.72
AGC（丝氨酸）	1.43	1.53	1.50	1.70	1.43	1.48	1.63
CCU（脯氨酸）	1.22	1.08	0.99	1.00	1.00	1.06	0.94
CCC（脯氨酸）	1.21	1.39	0.51	1.46	0.46	0.50	1.55
CCA（脯氨酸）	1.15	1.00	0.86	0.88	0.94	0.89	0.88
CCG（脯氨酸）	0.41	0.53	1.63	0.66	1.60	1.55	0.64
ACU（苏氨酸）	1.01	0.89	0.74	0.71	0.78	0.83	0.75
ACC（苏氨酸）	1.40	1.55	0.49	1.80	0.42	0.42	1.67
ACA（苏氨酸）	1.18	1.01	0.96	0.82	1.07	1.00	0.89
ACG（苏氨酸）	0.41	0.56	1.82	0.67	1.74	1.76	0.69

（续表）

密码子（氨基酸）	小鼠	牛	猫	雪貂	马	狗	兔
GCU（丙氨酸）	1.17	1.00	0.99	0.88	1.02	1.08	0.86
GCC（丙氨酸）	1.52	1.71	0.65	1.91	0.60	0.63	1.90
GCA（丙氨酸）	0.93	0.80	0.92	0.69	0.89	0.91	0.70
GCG（丙氨酸）	0.38	0.48	1.43	0.51	1.48	1.38	0.53
UAU（酪氨酸）	0.86	0.79	0.74	0.77	0.81	0.78	0.66
UAC（酪氨酸）	1.14	1.21	1.26	1.23	1.19	1.22	1.34
CAU（组氨酸）	0.82	0.75	0.56	0.69	0.52	0.50	0.63
CAC（组氨酸）	1.18	1.25	1.44	1.31	1.48	1.50	1.37
CAA（谷氨酰胺）	0.52	0.46	0.82	0.54	0.84	0.87	0.44
CAG（谷氨酰胺）	1.48	1.54	1.18	1.46	1.16	1.13	1.56
AAU（天冬酰胺）	0.87	0.81	0.86	0.75	0.79	0.79	0.71
AAC（天冬酰胺）	1.13	1.19	1.14	1.25	1.21	1.21	1.29
AAA（赖氨酸）	0.79	0.78	0.84	0.73	0.83	0.86	0.73
AAG（赖氨酸）	1.21	1.22	1.16	1.27	1.17	1.14	1.27
GAU（天冬氨酸）	0.89	0.84	0.86	0.76	0.76	0.79	0.73
GAC（天冬氨酸）	1.11	1.16	1.14	1.24	1.24	1.21	1.27
GAA（谷氨酸）	0.81	0.78	0.87	0.74	0.89	0.85	0.71
GAG（谷氨酸）	1.19	1.22	1.13	1.26	1.11	1.15	1.29
UGU（半胱氨酸）	0.96	0.85	0.55	0.67	0.64	0.53	0.76
UGC（半胱氨酸）	1.04	1.15	1.45	1.33	1.36	1.47	1.24
CGU（精氨酸）	0.51	0.49	0.43	0.38	0.48	0.50	0.42
CGC（精氨酸）	1.02	1.17	0.93	1.36	0.84	0.97	1.48
CGA（精氨酸）	0.72	0.68	0.88	0.64	0.97	0.95	0.57
CGG（精氨酸）	1.11	1.32	1.62	1.27	1.67	1.67	1.30
AGA（精氨酸）	1.32	1.14	1.04	1.00	1.01	0.92	1.04
AGG（精氨酸）	1.33	1.20	1.10	1.34	1.03	0.98	1.20
GGU（甘氨酸）	0.71	0.64	0.58	0.58	0.65	0.65	0.52
GGC（甘氨酸）	1.31	1.43	1.42	1.45	1.43	1.39	1.59
GGA（甘氨酸）	1.04	0.95	1.01	0.89	0.96	0.97	0.88
GGG（甘氨酸）	0.94	0.99	0.99	1.09	0.97	1.00	1.01

同哺乳动物中使用的偏嗜性高度相似，因此这些同义密码子明显反映出翻译选择压力在同义密码子使用模式中所发挥的重要作用。

（七）人类基因组的同义密码子使用模式

随着基因组学技术发展的日新月异，科学家陆续完成了非人灵长类动物及人类基因组的测序工作。其中，以人类基因组的分析最引人注目。通过对人类基因组分析，发现约 38% 的编码基因位于基因组 GC 含量高的区域，约 28% 的编码基因存在于 GC 含量非常高的基因组区域，但是 GC 含量高和极高的相关基因组仅占人类总基因组的 31% 和 3%。针对人类基因组 GC 含量较低的基因组区域进行基因分布分析发现，此区域编码基因数目仅占人类编码基因总数的 34%。这在一定程度上体现出核苷酸成分限制性压力对人类基因组对同义密码子使用模式的影响。此外，研究表明人源细胞中的 tRNA 反密码子与对应的以碱基 C 结尾的同义密码子的结合能力强于另外三种碱基结尾的密码子，并且 C 结尾的同义密码子整体在人类基因组中的使用频率较高（RSCU > 1.0），这也进一步反映出翻译选择压力在人类同义密码子使用模式的优化过程中发挥着重要作用。为了揭示同义密码子使用模式对人类基因活性的影响，研究人员在分析了不同人类基因（大约 200 000 个）同义密码子使用偏嗜性后，发现与化学物质浓度感应相关的基因（dosage-sensitive gene）、DNA损伤应答基因（DNA-damage-response gene）、细胞周期调控基因（cell-cycle-regulated gene）均对同义密码子使用模式的改变非常敏感，这也进一步反映出翻译选择压力在同义密码子使用模式形成中的重要作用。

在比对了人类与其他灵长类动物的同义密码子使用模式后，发现包括人类在内的灵长类动物在同义密码子使用模式上表现出很高的相似性，这也体现出同义密码子使用模式的物种特异性（表 2-13）。其中，很多同义密码子还受到翻译选择压力的影响，其使用频率被压制的很低（RSCU < 0.6），包括编码亮氨酸的密码子 UUA 和 CUA、编码异亮氨酸的密码子 AUA、编码缬氨酸的密码子 GUA 和 GUG、编码丝氨酸的密码子 UCG、编码精氨酸的密码子 CGU、编码脯氨酸的密码子 CCG、编码苏氨酸的密码子 ACG、编码丙氨酸的密码子 GCG；反之，编码亮氨酸的密码子 CUG 和编码缬氨酸的密码子 GUG 均被灵长类动物高频使用（RSCU > 1.6）。这些同义密码子使用偏嗜性均反映出翻译选择压力在灵长类动物遗传演化中同义密码子使用模式的影响程度。

表 2-13　人类与其他灵长类动物同义密码子使用模式的比对分析

密码子（氨基酸）	人　类	大猩猩	黑猩猩	猕　猴	食蟹猴
UUU（苯丙氨酸）	0.93	0.85	0.77	0.80	1.04
UUC（苯丙氨酸）	1.07	1.15	1.23	1.20	0.96
UUA（亮氨酸）	0.46	0.42	0.35	0.32	0.57
UUG（亮氨酸）	0.77	0.74	0.64	0.68	0.88
CUU（亮氨酸）	0.79	0.74	0.70	0.74	0.92
CUC（亮氨酸）	1.17	1.25	1.35	1.41	1.06
CUA（亮氨酸）	0.43	0.44	0.41	0.33	0.48
CUG（亮氨酸）	2.37	2.42	2.56	2.53	2.08
AUU（异亮氨酸）	1.08	1.04	0.95	0.86	1.18
AUC（异亮氨酸）	1.41	1.41	1.57	1.70	1.24
AUA（异亮氨酸）	0.51	0.55	0.48	0.44	0.58
GUU（缬氨酸）	0.73	0.76	0.62	0.59	0.85
GUC（缬氨酸）	0.95	0.96	0.99	1.08	0.88
GUA（缬氨酸）	0.47	0.44	0.36	0.30	0.56
GUG（缬氨酸）	1.85	1.84	2.03	2.03	1.71
UCU（丝氨酸）	1.13	1.28	1.22	1.21	1.24
UCC（丝氨酸）	1.31	1.34	1.44	1.44	1.20
UCA（丝氨酸）	0.90	0.89	0.80	0.82	0.99
UCG（丝氨酸）	0.33	0.27	0.31	0.29	0.29
AGU（丝氨酸）	0.90	0.84	0.77	0.86	1.00
AGC（丝氨酸）	1.44	1.38	1.45	1.38	1.28
CCU（脯氨酸）	1.15	1.14	1.09	1.10	1.25
CCC（脯氨酸）	1.29	1.35	1.42	1.38	1.15
CCA（脯氨酸）	1.11	1.04	0.97	1.09	1.22
CCG（脯氨酸）	0.45	0.47	0.52	0.44	0.39
ACU（苏氨酸）	0.99	0.97	0.85	0.86	1.08
ACC（苏氨酸）	1.42	1.50	1.70	1.60	1.28
ACA（苏氨酸）	1.14	1.10	1.01	1.12	1.24
ACG（苏氨酸）	0.46	0.42	0.44	0.42	0.40

（续表）

密码子（氨基酸）	人　类	大猩猩	黑猩猩	猕　猴	食蟹猴
GCU（丙氨酸）	1.06	1.11	1.09	1.16	1.19
GCC（丙氨酸）	1.60	1.58	1.57	1.60	1.41
GCA（丙氨酸）	0.91	0.86	0.78	0.80	1.04
GCG（丙氨酸）	0.42	0.45	0.56	0.44	0.36
UAU（酪氨酸）	0.89	0.90	0.77	0.79	0.98
UAC（酪氨酸）	1.11	1.10	1.23	1.21	1.02
CAU（组氨酸）	0.84	0.85	0.80	0.77	0.94
CAC（组氨酸）	1.16	1.15	1.20	1.23	1.06
CAA（谷氨酰胺）	0.53	0.56	0.46	0.55	0.61
CAG（谷氨酰胺）	1.47	1.44	1.54	1.45	1.39
AAU（天冬酰胺）	0.94	0.93	0.85	0.82	1.02
AAC（天冬酰胺）	1.06	1.07	1.15	1.18	0.98
AAA（赖氨酸）	0.87	0.89	0.81	0.81	0.94
AAG（赖氨酸）	1.13	1.11	1.19	1.19	1.06
GAU（天冬氨酸）	0.93	0.86	0.79	0.79	1.02
GAC（天冬氨酸）	1.07	1.14	1.21	1.21	0.98
GAA（谷氨酸）	0.84	0.77	0.68	0.69	0.95
GAG（谷氨酸）	1.16	1.23	1.32	1.31	1.05
UGU（半胱氨酸）	0.91	0.91	0.85	0.80	1.01
UGC（半胱氨酸）	1.09	1.09	1.15	1.20	0.99
CGU（精氨酸）	0.48	0.49	0.43	0.44	0.52
CGC（精氨酸）	1.10	1.11	1.21	1.09	0.89
CGA（精氨酸）	0.65	0.58	0.61	0.64	0.69
CGG（精氨酸）	1.21	0.99	1.16	1.16	1.07
AGA（精氨酸）	1.29	1.52	1.29	1.23	1.53
AGG（精氨酸）	1.27	1.31	1.30	1.44	1.29
GGU（甘氨酸）	0.65	0.61	0.55	0.57	0.73
GGC（甘氨酸）	1.35	1.26	1.40	1.29	1.20
GGA（甘氨酸）	1.00	0.99	0.90	1.06	1.15
GGG（甘氨酸）	1.00	1.13	1.15	1.09	0.93

四、同义密码子使用模式在病毒进化中的作用

在病毒侵染宿主的演化历程中，宿主介导的选择压力对于病毒进化十分重要。一些病毒具有很广的宿主谱，而一些病毒只针对某一特定宿主进行侵染。病毒成功侵染宿主的前提条件是病毒能够进入细胞并将细胞相关活性进行控制来产生子代病毒。多数病毒依靠识别宿主细胞上特异性受体进入宿主细胞。例如，猴病毒 40（simian virus 40）、人巨细胞病毒（human cytomegalovirus）及人疱疹病毒 8 型（human herpesvirus 8）、口蹄疫病毒、猪瘟病毒等能够识别受体包括整合素受体（integrin）和硫酸乙酰肝素受体（heparan sulfate moiety）对宿主细胞进行侵染。然而，特异性识别受体仅仅是病毒侵染宿主的一种策略。有些病毒在遗传演化过程中已经不仅仅局限于特异性识别受体，而是发展出了其他侵染宿主的途径。例如，虽然痘病毒（poxvirus）可以识别大部分哺乳动物细胞上的特定受体并进入细胞内，但是仅在特定宿主细胞中才能有效进行复制增殖。这是因为痘病毒自身复制还需要充分利用宿主细胞生命周期的相关活动，信号转导、转录因子、磷酸化及干扰素诱导基因的相关生理学活动。病毒遗传演化的主要推动力是自身高水平突变率，这方面 RNA 病毒的表现尤为突出。病毒侵染宿主过程的适应性及共进化均与基因组中编码序列密码子第 1、2 和 3 位点的变化密切相关。人免疫缺陷病毒（human immunodeficiency virus 1，HIV-1）能够迅速通过改变 HLA-1 表位来实现病毒对宿主的快速适应。HIV-1 对宿主快速适应并非个例，与之相似的病毒还包括反转录病毒（retrovirus）、星状病毒科成员（astroviridae）、拟菌病毒（mimivirus）、噬菌体（bacteriophage）。本部分将着重介绍与同义密码子使用模式相关的病毒遗传演化、病毒 – 宿主共进化、病毒致病力及逃逸宿主抗病毒反应等方面的内容。

（一）同义密码子使用模式在病毒 – 宿主共进化过程中的作用

在病毒遗传进化领域中，同义密码子使用模式在不同病毒遗传演化、致病性、与宿主共进化及免疫逃避等方面发挥着重要作用。这其中很大程度上是病毒基因组的同义密码子使用模式能够与宿主细胞中蛋白质合成系统有效互动，从而使得病毒产生子代病毒。随着深入研究同义密码子使用模式改变对于病毒 – 宿主共进化方面的作用，研究人员还发现，除了 GC 含量在病毒基因组中产生的 GC 组分限制性遗传压力的作用以外，病毒基因转录物的半衰期及二级结构的特征也明显影响着病毒

蛋白在宿主细胞中的表达效率。以噬菌体为例，研究人员挑选了上百株噬菌体样本来对十多种细菌进行侵染实验研究，发现噬菌体在宿主菌中相关蛋白的表达效率明显受到同义密码子使用模式的影响。除了病毒侵染单细胞（如细菌）受到翻译选择压力的影响，那些能够侵染多细胞生物的病毒也遵循翻译选择压力来实现病毒基因表达效率的高效及有效逃逸宿主免疫反应。并非所有病毒均遵循通过积极适应宿主细胞中同义密码子使用模式及蛋白合成系统来实现病毒蛋白的高效合成，乳头瘤病毒（papillomavirus）及其他脊椎动物的 DNA 病毒（vertebrate-infecting DNA virus）的基因组均含有高水平的 AT 碱基，并且病毒同义密码子使用模式也是以 AT 结尾的密码子为优选对象，这与宿主基因组拥有高水平 GC 碱基及偏好使用 GC 结尾同义密码子的遗传特性截然相反。还有一些病毒（如反转录病毒）通过避免选择含有 CpG 二联核苷酸的同义密码子来尽量降低宿主的抗病毒免疫反应。虽然翻译选择压力对于病毒与宿主在同义密码子使用模式上实现共进化上发挥着重要作用，但是病毒自身基因组复制过程中的突变选择压力同样在推动病毒遗传演化过程中起到关键作用。因此，突变压力与翻译选择压力的相互作用共同推进了病毒在同义密码子使用模式、基因组复制模式、基因组结构及宿主嗜性方面的遗传演化。与其他非人源病毒相比，人源病毒基因组中同义密码子使用模式更加保守和特异，科学家据此推测人源病毒可以通过对同义密码子使用模式的精微调控来改变病毒对不同组织的嗜性及毒力。

（二）同义密码子使用模式改变对病毒致病力的影响

病毒致病力很大程度上与病毒在宿主细胞中能否高效表达密切相关。病毒侵染宿主细胞后通过一系列精准操作能够将宿主细胞的蛋白质合成系统进行有效控制。在控制宿主细胞的蛋白质翻译系统后，病毒基因的同义密码子使用模式与细胞中 tRNA 表达含量的关系将很大程度上影响病毒蛋白的翻译效率。例如，将 HIV-1 的糖基化蛋白 gp120 编码序列中同义密码子替换成宿主细胞高频使用的同义密码子，可明显提高 gp120 的表达水平。猪繁殖与呼吸障碍综合征病毒（porcine reproductive and respiratory syndrome virus，PRRSV）的病毒囊膜蛋白 GP5 对于病毒致病力非常关键。将 PRRSV 的 GP5 编码基因同义密码子使用模式按照宿主细胞同义密码子使用模式进行优化后，突变毒株无论在侵染力还是在子代病毒增殖能力方面均显著提升。

若将病毒基因的同义密码子使用模式替换成为宿主细胞低频选择使用的同义密码子，很大程度上会影响病毒对宿主细胞的致病力。研究人员以 Sabin2 型脊髓灰质炎病毒为研究对象，将病毒衣壳蛋白的编码序列中的同义密码子进行劣势化，从而将整体密码子使用偏嗜性显著提升（ENC 值由 56.2 降低至 29.8），CpG 核苷酸二联体的含量也显著提高，GC 含量从 48.4% 提升至 56.4%。将衣壳编码序列同义密码子劣势化的脊髓灰质炎病毒突变毒株侵染 HeLa 细胞后，发现突变毒株无论噬斑水平还是病毒载量均显著降低。此外，甲型肝炎病毒（hepatitis A virus，HAV）在翻译自身基因的过程中需要完整的翻译起始因子 eIF-4G 来介导翻译起始，这就无形与宿主细胞蛋白质合成展开竞争。实验观察发现，HAV 自然感染宿主细胞后表现出的致病性很弱，能够实现与宿主细胞"和平共处"。进一步分析 HAV 基因组的同义密码子使用模式后发现，病毒蛋白低表达是与其基因组形成了与宿主细胞同义密码子使用模式相反的模式，这很大程度上避免了与宿主基因在转录与翻译过程中产生很强的竞争关系，最终逃避宿主的抗病毒免疫反应。

（三）病毒基因特定的同义密码子使用模式对宿主免疫系统的影响

由于病毒基因组，尤其是 RNA 病毒基因组，具有很高的突变率，基因突变很容易造成同义密码子及密码子对使用模式的改变，很可能引发病毒基因表达效率减弱。当同义密码子或密码子对使用模式改变会显著影响病毒基因中 CpG 和 UpA 核苷酸二联体的含量，这种含量变化与病毒致病力减弱及宿主免疫系统抗病毒反应的增强密切相关。同义密码子改造已经被学界认为在提高活载体疫苗高效表达外源基因方面是行之有效的。病毒基因中同义密码子使用模式的改变直接会影响其与细胞中 tRNA 识别的效率，最终影响病毒基因的表达效率。参照人源细胞中高表达基因的同义密码子使用模式，将 HIV-1 的糖基化蛋白 gp120 编码序列中同义密码子进行优化，发现突变毒株不仅能够刺激机体提高抗体水平，还能增强细胞毒性 T 细胞的反应活性。H5N1 禽流感病毒的 HA 编码基因通过同义密码子优化（优先选择以 C 或 G 结尾的同义密码子），能够显著提升改造基因在小鼠和鸡体内的免疫应答效果。

不仅如此，由同义密码子使用偏嗜性引申出来的密码子对使用偏嗜性（codon pair bias）在病毒生命周期中同样扮演重要角色。研究人员利用呼吸道合胞体病毒（respiratory syncytial virus，RSV）为研究对象，按照人类基因组中优先选择使用的密码子对进行病毒密码子对的优化使用，然后发现突变毒株不能使宿主产生很高的中和抗体。相反，若将 RSV 编码基因中的密码子对进行劣势化，则能够提高 CpG 和 UpA 在病毒基因中的含量，并且显著增强机体对病毒突变株产生中和性抗体的能力。因此，针对 RNA 病毒基因的密码子对的优化 / 去优化改造有助于调节病毒自身的抗原性（immunogenicity）。

第3章 同义密码子使用模式在人类疾病发生发展中的作用

———————————•———————————

一、同义密码子使用模式与癌症

（一）同义密码子使用模式对细胞增殖特性的影响

细胞周期是一种对 DNA 复制及细胞分化进行调控的生物学过程。将与细胞周期调控相关基因与其他类型基因进行同义密码子使用模式的比对中，发现与细胞周期调控相关的基因含有大量非优势密码子。此外，与细胞周期调控相关的基因在细胞周期的不同阶段也表现出来了不同的表达效率。在 G_2 期高效表达的基因含有大量非优势密码子，而在 G_1 期表达效率很低的基因却含有大量优势密码子。在人源细胞中，谷氨酰 – 脯氨酰 tRNA 合成酶（glutamyl-prolyl tRNA synthetase）、苏氨酰 – 脯氨酰 tRNA 合成酶（threonyl-prolyl tRNA synthetase）和甘氨酰 – 脯氨酰 tRNA 合成酶（glycyl-prolyl tRNA synthetase）在细胞周期中的表达水平是波动的，其表达水平自高峰出现在 G_2/M 期。研究人员发现，在细胞周期中非优势密码子与 tRNA 之间识别的摆动性明显影响蛋白质的合成效率。然而，研究人员发现在细胞分化的过程中，多数高表达的 mRNA 富含稀有密码子，并且这些稀有密码子与细胞中 tRNA 含量明显不匹配。利用核糖体占位谱系分析技术（ribosome occupancy profiling）和蛋白质组学技术对分化增殖能力提升的细胞进行分析，发现富含稀有密码子的 mRNA 要比富含常规密码子的 mRNA 在蛋白质表达效率上更强。这反映出当细胞状态发生改变后，细胞内整体 tRNA 表达水平及相关化学修饰活性也随之发生改变，进而导致通常优先识别的优势密码子已不再是优先被 tRNA 识别的对象，反而那些平时被"冷落"的稀有密码子成为细胞分化时期 tRNA 优先识别的"宠儿"。

当外界压力或 DNA 损伤发生时，细胞周期的节律会受到影响，与此同时受到影响的细胞会及时启动相关修复程序来对受到影响的细胞进行修复。其中，核糖核苷酸还原酶（ribonucleotide reductase，RNR）在细胞周期调控中发挥着不同时期过渡（cell cycle transition）及 DNA 损伤修复的作用。当 tRNA 化学修饰活性及基因表达水平提升后，RNR 活性也随之增强，从而促进细胞周期中 G1 期转变为 S 期。当 DNA 损伤的细胞周期调至 S 期时，tRNA 化学修饰活性提升有助于高效识别特定的同义密码子使用模式，进而促进相关蛋白高效表达来实现对 DNA 损伤细胞的修复。

免疫细胞在面对种类繁多的抗原物质时能够通过体细胞突变（somatic mutation）来产生与特定抗原物质高亲和力结合的受体蛋白。B 细胞可通过体细胞突变实现基因重排，进而影响 B 细胞受体（B cell receptor，BCR）的可变基因 V 的密码子使用模式的改变，最终改变与抗原表位特异性结合的受体结合区的亲和力。与 BCR 相比，T 细胞的可变基因 V 没有很明显的密码子使用偏嗜性，这可能与其氨基酸组成是密切相关的。此外，B 细胞 V 基因在重排过程中产生的密码子使用偏嗜性与活化后的 B 细胞的生存时间也是密切相关的。这也一定程度上决定了机体对外源抗原适应性免疫的维持时间，对疫苗相关研究来说具有参考价值。

（二）tRNA 功能紊乱与密码子使用对细胞的影响

基于 tRNA 拷贝量的相关性没有考虑到不同 tRNA 和氨酰 -tRNA 物种库是动态的，并且在不同的环境中有很大的差别。例如，微阵列分析表明 tRNA 表达量在人类不同的组织中有很大的差异。在统计学上，这种丰度可能与那些组织的高表达基因的密码子使用相关。此外，在细菌中发现识别同义密码子的不同 tRNA 的电荷水平对氨基酸饥饿的反应有很大的差异。也就是说，尽管一些同义 tRNA 基因库充满电，但其他带电部分仍然可以降到零。

到目前为止，认为密码子的使用频率与 tRNA 总供应量有很大的相关性。然而，当更高频率使用的密码子被丰度更高的 tRNA 物种识别时，这种密码子也会与其他密码子竞争这个 tRNA。考虑到这种情况，引进了标准翻译效率（nTE）指标校正了 tRNA 的供应率和需求率。标准翻译效率指标认为，如果基于基因拷贝量（供应）的相对 tRNA 丰度超过基于 mRNA 中密码子频率的相对同源密码子使用量（需求），则密码子更加理想。尽管 tAI 和 nTE 已经很好地表明了翻译同义密码子的 tRNA 的可用性，但这种近似值仍然可以改进。实际上重要的价值是在翻译过程中预备好氨基酸递呈的成熟氨酰 -tRNA 的水平。然而，由于 tRNA 的表达和电荷水平会根据细胞的状态经历较大的波动，所以考虑这些价值是不简单的。此外，如果考虑两个主要的、特异的 tRNA 修饰类型，密码子频率偏差可以更好地与生活中所有结构域的 tRNA 基因率相关。

综上所述，高表达蛋白通常由包含相对较高比例的共密码子的基因编码，这些共密码子由具有动力学有效密码子 – 反密码子碱基配对的大量带电 tRNA 识别。这就解释了在一些基因和基因组中大范围观察到的密码子频率偏差。

真核生物的一些研究报道称，更频繁的密码子与稀有密码子的翻译速率相同。这些研究认为，密码子偏嗜采用 tRNA 在细胞中的丰度作为平衡 tRNA 的供应和需求的一种策略，由此去完成最优的翻译。比较两个近期的研究得出结论，具有较少同源 tRNA 的稀有密码子的解码速度较慢，从而导致翻译延伸率降低。为了得出这些结论，这些研究应用了新的统计方法来分析核糖体分析数据，以消除由高表达基因或与密码子频率无关的极端核糖体暂停事件引起的偏差。后面的研究还优化和比较了不同的核糖体分析实验方案。使用新颖的统计学方法分析小鼠核糖体分析数据，发现在密码子编码时间和 tRNA 基因的拷贝量之间仍然没有相关性。然而，这可能与多细胞有机体（如小鼠）中不同组织的差异 tRNA 表达和（或）电荷水平有关。通过应用新颖的统计学方法，发现密码子编码时间和带电荷的 tRNA 没有关系，但是，氨酰 –tRNA 合成酶的水平过去常常作为带电 tRNA 的评估者，这不是一个查明氨酰 –tRNA 在细胞中丰度的检验方法。

在细胞的不同状态期间，tRNA 表达的变化可能会使适应不同 tRNA 库的密码子的基因组差异性表达。例如，在人的细胞周期中已经证明了 tRNA 和氨酰 –tRNA 合成酶的浓度存在波动。因此，在细胞周期的不同阶段被表达的基因组有不同的密码子使用。这就提供了一种支持调节细胞周期的密码子偏嗜策略。在人类和其他脊椎动物中，增殖和分化的细胞型有不同的 tRNA 浓度。对增殖和分化过程中的特异性基因有相应的密码子偏嗜，这就意味着在增殖和分化过程中运行的两种不同的翻译程序通过密码子偏嗜调节。蓝藻细长聚球藻使用密码子来调整其蛋白质产量以适应波动的环境条件。基因编码的与生物钟相关的调控蛋白包含稀有密码子，导致在低温下的低表达。这引起了在低温下所需的昼夜节律调节的抑制。

改变的 tRNA 修饰模式提出了另一种策略，使大量基因组的基因表达适应不同的环境。RNA 的修饰可以改变 tRNA 分子中密码子 – 反密码子之间的联系。某些密码子的翻译可以通过这种方式被促成，结果加强了基因组的表达，包括提高这些密码子的频率。环境因素导致 RNA 修饰的改变已经被报道。例如，在酵母中，应激被 DNA 破坏性化合物或氧化应激上调的特异 tRNA 修饰酶所诱导。因此，（氨酰）tRNA 库和 tRNA 修饰的波动在调节适应密码子使用的基因表达中起作用。

（三）同义密码子使用模式在不同癌症中的遗传学特征

哺乳动物不同组织细胞所含有的基因具有不同表达效率。与正常细胞相比，癌细胞能够通过改变同义密码子使用模式、tRNA 的表达水平及其化学修饰活性来干扰健康组织细胞中基因的正常表达活性。正常细胞若发生于 RNA 相关的表观遗传学修饰紊乱（mis-regulated epigenetic modification），则极大提高了细胞癌变的风险。与 RNA 相关的表观遗传学修饰密切相关的是 tRNA 合成。那么 tRNA 化学修饰在同义密码子使用模式改变过程中的改变是否与细胞癌变相关呢？研究人员利用肺癌细胞的 tRNA N^7 甲基鸟苷甲基转移酶复合物样甲基转移酶 1[tRNA N^7-methylguanosine（m^7G）methyltransferase complex components methyltransferase-like 1，METTL1] 为研究对象，通过分析 tRNA 甲基化与 mRNA 翻译活性互作谱系发现，tRNA 甲基化在 METTL1 的作用下会发生化学修饰改变，导致修饰异常的 tRNA 与密码子识别效率的改变，最终提高肺癌发生的概率。食管癌细胞也存在着多重遗传性状改变。在分析了与食管癌细胞生物活性相关基因的同义密码子使用模式后，研究人员发现，富含 GC 的基因在食管癌细胞中含量不高，整体密码子使用偏嗜性处于中等程度（ENC=49.28）。同义密码子 CAG 是被高频选择使用的优势密码子，反之，密码子 GUA 却被食管癌细胞的相关基因尽量避免使用（劣势密码子）。胰腺癌细胞的基因富含 GC 碱基，这也导致优势密码子是以 G 或 C 碱基结尾，稀有密码子倾向于选择 A 或 U 碱基结尾。卵巢癌细胞相关基因也是富含 GC 碱基，但是整体密码子使用偏嗜性较弱。卵巢癌细胞相关基因所偏好的优势密码子包括 AGC、CUG、AUC、ACC、GUG 和 GCC，而劣势密码子包括 UCG、UUA、CUA、CCG、CAA、CGU、AUA、ACG、GUA、GUU、GCG 及 GGU。这些癌细胞拥有的基因遗传演化过程中形成的同义密码子使用模式是为了癌细胞更好地分化增殖而建立的。

（四）密码子使用及 tRNA 表达重新编排在癌症发生中的作用

很多癌细胞因为能够有效驾驭蛋白质翻译系统来加快与肿瘤促进相关蛋白的表

达速率，因此癌细胞相关基因具有与正常细胞不同的同义密码子使用模式。研究人员利用表观转录组（epitranscriptome）、特定 tRNA 化学修饰及密码子使用偏嗜性分析技术来分析参与癌细胞分化与抵抗化学药物能力的多种 RNA 的生物学活性，发现癌细胞中同义密码子使用偏嗜性可增强相关基因的复制活性、mRNA 化学修饰活性及 tRNA 的稳定性，最终促进癌细胞的分化。进一步利用表观转录组技术对癌细胞中高表达 tRNA 的生物活动进行分析，发现癌细胞中特定 tRNA 的高表达是与 tRNA 化学修饰酶的高表达密切相关。例如，癌细胞中编码精氨酸的 tRNA（tRNA-Arg-TCT）的第 46 位碱基发生 m^7G 甲基化修饰，从而使其稳定性增强，促进富含同义密码子 AGA 的 mRNA 高效表达，最终促进癌细胞的增殖。

二、同义密码子使用模式与某些疾病风险

由于同义密码子使用模式能够影响细胞基因复制、转录及翻译的所有过程，因此当同义密码子使用模式在遗传稳定性较强的高等哺乳动物体内发生改变时，会影响相应基因复制、转录及翻译的时序性，潜在提高了引发疾病的风险。

（一）同义密码子使用模式与原发性免疫缺陷病的关系

原发性免疫缺陷病（primary immunodeficiency disease，PID）是一类罕见的与遗传相关的免疫系统性疾病，主要分为以体液免疫缺陷为主、细胞免疫缺陷为主及两者同时缺陷的免疫疾病。PID 主要临床表现是反复感染、免疫系统紊乱及癌症发生。研究人员在分析了与诱发癌症相关的 PID 基因后，发现基因核苷酸组成、密码子使用模式、基因表达产物生化性质及基因表达谱均与癌症发生密切相关。这些基因所处基因组富含大量 AT 碱基，因此诱导核苷酸成分抑制选择压力的作用来高频选择以 A 或 U 结尾的密码子作为优势密码子。此外，UpA 核苷酸二联体在基因中会负向调控基因表达效率，但是 CpG 核苷酸二联体却不具备此项功能。此外，通过相关基因的 ENC 与不同密码子位点核苷酸含量的相关性分析后，发现相关基因所含有的密码子在第 1 位和第 3 位核苷酸的选择是由核苷酸成分限制性选择压力、核苷酸突变压力及自然选择压力功能决定的。这一遗传特性一定程度上为研究 PID 和癌症的研究人员在寻找治疗策略的道路上提供参考信息。

（二）同义密码子使用模式与神经性疾病的关系

包括神经退行性疾病（neurodegenerative disorder）在内的几种疾病是与年龄因素和痴呆有关的疾病。神经退行性疾病通常与神经元功能障碍有关。它们会严重影响患者的移动、说话、思考甚至呼吸的能力。共济失调（ataxias）和痴呆症在神经变性中也很常见。神经退行性疾病的发生与遗传相关，其中缺陷基因从一代传递到下一代（如亨廷顿病和家族性阿尔茨海默病）或者周围环境因素促进遗传突变［如散发性帕金森病，可能由长期接触有毒化学品和（或）杀虫剂引起，或其他引发因素，如头部受伤］。

阿尔茨海默病（Alzheimer disease）、血管性痴呆（vascular dementia）、Lewy 小体病（Lewy body dementia）和额颞叶痴呆（frontotemporal lobar dementia）是神经退行性痴呆的四种主要类型，以阿尔茨海默病最为常见。上述神经退行性疾病的发生发展除了与高血压、吸烟、肥胖、抑郁症、缺乏身体活动、糖尿病、过量饮酒、创伤性脑损伤和空气污染（包括高氮氧化物和一氧化碳浓度）相关，还与神经细胞由于遗传因素导致基因异常表达相关。在诸多遗传因素中，同义密码子使用模式的改变会影响神经细胞中关键基因的翻译效率，从而影响蛋白产物结构功能，以及在细胞中表达水平的改变。在对人类基因组的分析中，发现大脑组织细胞中长基因的表达更多，而长基因在转录、转录后剪切及表达过程中均容易受到同义密码子使用模式改变的影响。以阿尔茨海默病为例，发生病变的神经细胞所含有的基因倾向于选择 G 或 C 碱基结尾的密码子作为优势密码子。基因组中高 GC 含量及翻译选择压力是导致此种同义密码子使用模式的主要遗传因素。

（三）克拉伯病相关基因在同义密码子使用模式上的特征

克拉伯病（Krabbe disease）是人类最罕见的常染色体隐性遗传病之一，由β-半乳糖神经酰胺酶（β-galactosylceramidase）基因突变引起，导致多种精神和身体健康问题。由于其罕见性和表型异质性，该病的诊断率非常低。在对全球 15 个国家居民中的 β-半乳糖神经酰胺酶基因的隐性等位基因突变频率的研究中，发现以色列人群相关基因的突变频率最高，而土耳其和美国人群的突变频率最低。分析了β-半乳糖神经酰胺酶基因的 55 种基因亚型的密码子使用模式表明，有几个特定的同义密码子的使用频率高于其他密码子。发现编码精氨酸的同义密码子 AGA 在 β-半乳糖神经酰胺酶基因中是被高频选用的。此外，β- 半乳糖神经酰胺酶基因整体密码子使用偏嗜性并不强（ENC 值处于 55.7～58.2），并且以 A 或 U 碱基结尾的密码子比以 G 或 C 结尾的密码子更容易被高频选用。导致 β- 半乳糖神经酰胺酶基因同义密码子使用模式的主要遗传动力是由核苷酸成分限制性压力导致的突变压力（主因）及自然选择压力（次要因素）共同导致的。

（四）慢性阻塞性肺疾病相关基因的同义密码子使用模式特征

慢性阻塞性肺疾病（chronic obstructive pulmonary disease）是一种具有气流阻塞特征的慢性支气管炎和（或）肺气肿，可进一步发展为肺心病，甚至导致呼吸衰竭。虽然其病因并没有查明，但是学界公认的与慢性支气管肺炎及阻塞性肺气肿相关的病因均能导致慢性阻塞性肺疾病的发生。在诸多因素中，遗传因素已经被领域内学者所重视。参与慢性阻塞性肺疾病的基因虽然富含 G 和 C 碱基，但是其整体密码子使用偏嗜性变化程度大（ENC 值为 34～60）。由于基因在整体密码子使用偏嗜性上变化大，因此优势密码子与劣势密码子以何种碱基结尾就出现了非均一化的遗传现象。对密码子第 1 位和第 2 位 GC 含量（GC12%）与第 3 位 GC 含量（GC3%）的相关性分析发现，核苷酸成分限制性压力对于同义密码子使用模式的形成具有主导作用。

（五）人类基因组密码子使用模式与病原体侵染的关系

人类在应对自然界中不同病原微生物侵染的历程中发现，很多病原微生物与人体之间存在着共进化（co-evolution）的关系。例如，病原微生物侵染人体后以休眠的方式不令宿主表现出临床症状，只有病原微生物从休眠模式转变为致病模式才会激发宿主机体一系列免疫反应与临床症状。例如，单纯疱疹病毒（herpes simplex virus，HSV）1 型和 2 型能够在人体神经元细胞中持久保持沉默状态，一旦 HSV 被激活，可引发疱疹性脑炎和黏膜复发性水疱疹等临床症状。人巨化细胞病毒（cytomegalovirus）能够在人体内长久潜伏感染，一旦病毒被激活，将造成人体很多器官严重性疾病。Epstein-Barr 病毒侵染 B 细胞后能够长期潜伏性感染，一旦被重新激活，将提高患者发生恶性肿瘤的风险。结核分枝杆菌能够对宿主持续性感染，这与其有效逃逸宿主免疫系统的清除密切相关。刚地弓形虫（toxoplasma gondii）能够以缓殖子（bradyzoite）的形式在人体内长期保持休眠，一旦休眠体被激活，可引发脑炎等疾病。上述例证所反映出的持续性感染通常与人体免疫系统无法对其进行有效监测并及时清除有关。导致免疫逃避的重要因素与抑制人白细胞抗原家族Ⅱ型（human leukocyte antigen class Ⅱ）蛋白的表达有关，从而无法有效侦测病原微生物相关抗原的存在，导致免疫细胞无法有效进行抗原递呈反应。此外，病原微生物还能通过抗原漂移、表达免疫抑制分子及干扰宿主免疫细胞的脂质氧化酶（lipoxygenase）的活性来逃避细胞毒性 T 淋巴细胞或者树突状体细胞的绞杀。而上述这些免疫逃逸机制发生的基础主要是与病原微生物或宿主细胞相关基因表达效率相关。由于病原微生物在宿主体内低效率合成相关蛋白产物，导致免疫系统无法有效对病原微生物产生的抗原物进行识别，最终实现病原微生物在机体的潜伏性感染。

同义密码子使用模式在基因表达效率方面具有精微翻译选择调控的作用。其中，同义密码子使用模式与细胞中 tRNA 表达含量的改变密切相关。当细胞中 tRNA 表达含量发生改变（如糖皮质激素可诱导细胞增殖及 tRNA 表达含量的改变），处于潜伏期的病原微生物（如病毒）所具有的同义密码子使用模式有可能与 tRNA 表达含量相契合，提高了相应基因的表达效率，最终使病原微生物从休眠状态转变为致病状态。有学者指出，病原体能够通过同义密码子使用模式指导致病基因表达出与宿主蛋白具有很高相似度的蛋白产物，进而导致宿主发生严重的自身免疫性疾病。

总之，病原微生物基因组中的同义密码子使用模式在影响病原相关蛋白在宿主体内表达效率十分重要，尤其是那些与病原微生物致病性直接相关的基因表达；人类在长期的进化过程中，与抗感染相关的基因也能够通过同义密码子使用模式来操控相应蛋白表达的时序性，从而及时参与宿主对病原微生物的清除；人类免疫系统中的免疫细胞能够通过对相关基因同义密码子使用模式的重新编排来增强免疫反应在抵抗不同病原微生物侵染中的免疫效力；若病原微生物基因组的同义密码子使用模式针对宿主体内环境来重新编排，很可能使一些在宿主体内沉寂的病原微生物重新激活，从而导致疾病的流行。

第4章 同义密码子使用模式
对基因复制的影响

—————————————— • ——————————————

通常，一个完整的基因在实现其蛋白产物表达之前，会通过不断在宿主细胞中复制来保留相应的生物遗传信息。同义密码子使用模式是基因遗传多样性的一个重要生物遗传指标，其变化在一定程度上会影响相关基因的复制动力学。本章将选取同义密码子使用模式中一个重要的指标（GC 含量）在基因组水平和基因水平上的变化对基因复制的影响进行阐述。

一、DNA 双链核苷酸成分的遗传特性

在细胞中，许多与 DNA 相关生物活动，包括转录、复制、DNA 修复和转录因子结合，均与核苷酸含量密切相关。由于 DNA 双链之间的互补性，前导链和滞后链所含核苷酸成分分布不均匀，这就导致了相关活性位点分布的不均匀性。其中，GC 含量在 DNA 双链上的偏嗜性（GC skew）影响着细胞基因组活动的方方面面，包括蛋白质结合偏嗜（protein binding preference）、转录因子相互作用（transcription factor interaction）、反转录转座（retrotransposition）、DNA 损伤和修复偏嗜（DNA damage and repair preference）、转录－复制碰撞（transcription-replication collision）和基因诱变机制。此外，GC 含量在 DNA 双链上的非均一化还决定着基因组的复制起点位置。

（一）DNA 双链在核酸成分上的非对称性

由于碱基互补配对机制的影响，DNA 双链在复制和转录过程中表现出核苷酸分布的非对称性。转录链与复制链的非对称性指分别在前导链和滞后链之间或模板链与非模板链之间核苷酸或核苷酸基序的非对称分布。这种非对称性广泛存在于真核生物、原核生物及病毒体的基因组中。例如，在核苷酸非对称性的影响下，胞嘧啶

脱氨反应主要发生于 DNA 单链上，导致胞嘧啶突变为胸腺嘧啶。这种碱基突变更倾向于出现在前导链上，而滞后链上胞嘧啶突变为胸腺嘧啶的修复能力更强。在原核生物基因组中，前导链含有鸟嘌呤和胸腺嘧啶要远高于胞嘧啶与腺嘌呤。这种遗传现象在伯氏疏螺旋体（borrelia burgdorferi）和梅毒螺旋体（treponema pallidum）基因组中最为明显。存在于这两种螺旋体前导链上的复制基因比滞后链上含有更多的 G 和 T 碱基，由此产生的 DNA 链特异性突变压力（strand-specific mutation pressure）及种属特异性突变压力（species-specific mutation pressure）对两种螺旋体基因在同义密码子使用模式及氨基酸使用模式上均产生了影响。

针对核苷酸含量的非均一化的表述通常用 GC skew 和 AT skew 参数表示，它们均能够测定鸟嘌呤或腺嘌呤在前导链和滞后链之间的偏差程度。人类基因组也表现出上述遗传特性，如非模板链含有鸟嘌呤和胸腺嘧啶的含量高于腺嘌呤与胞嘧啶的含量。由于模板链被转录活动占用的时间较长，这就导致非模板 DNA 长时间处于单链 DNA 的状态，这会提高胞嘧啶脱氨的生化活性。GC skew 容易使 DNA 链形成包括鸟嘌呤四链体（G-quadruplex）和 R 环结构在内的非典型二级结构，影响基因调控活性，以及 RNA 聚合酶与 CpG 集中聚集区的启动子结合的能力。在生物界，DNA 双链中的前导链常含有大量的基因，这与降低基因突变率、基因复制与翻译之间转变效率等机制相关。例如，当 RNA 聚合酶与基因复制叉相遇后，其碰撞的结果导致 RNA 聚合酶对模板 DNA 的转录活动。这种碰撞在高表达基因或管家基因（如核糖体基因）聚集区体现得更加明显，这是由于此区域 DNA 复制与转录活动均很频繁，因此 DNA 复制叉与 RNA 聚合酶发生碰撞的概率大幅提升。与原核生物相比，真核生物进化出了很多防止复制与转录活动冲突的机制，如 DNA 在细胞 S 期将 DNA 复制及转录结构域分离（separation of replication and transcription domains during S-phase）、复制叉屏障（replication fork barrier）、不同组织或细胞分化期间复制与转录时间之间的协调、将基因集中于早期 DNA 复制的区域。虽然上述防护机制能够降低真核细胞中基因在转录与复制之间转换过程中出现的碰撞效应，但是复制－转录碰撞仍然会出现在那些转录用时较长的基因中。复制－转录碰撞也是真核细胞 DNA 损伤、基因组稳定性变差及重复频率提高的诱因之一。

在分析人类大量基因复制原点核苷酸组分结构中，同样发现核苷酸组分存在偏倚的现象，并且基因复制原点的核苷酸组分偏倚在基因组中呈现出 N 型模式（称为 N 型结构域，其边界理论上被认定为基因复制原点）。通常，N 型结构域的边界所存在的基因复制原点与细胞 S 期复制活跃的基因复制原点高度重合。在这些基因复制原点的区域富含大量基因序列，并且这些基因序列在转录和复制叉形成中均具有相同的方向，从而很大程度上降低了转录 – 复制碰撞的概率。反之，那些距离基因复制原点较远的基因在转录 – 复制碰撞的概率上明显高于距离复制原点近的基因。上述研究成果有助于建立一套基于转录、复制和染色体结构之间协调互作来研究人类基因组遗传特征的分析模型。

（二）基因 GC 含量对基因复制的影响

已经确定密码子使用在大多数生物体中是有偏嗜的。关于这种偏嗜的演变，有两种并不相互排斥的解释已经被确切的阐述：①突变的非随机性；②密码子偏嗜的选择。一些核苷酸或密码子可能有较高的突变率，从而导致了一些密码子和核苷酸有较低的频率。一些研究者认为密码子偏嗜主要与一个有机体的全部 GC 含量引起的非随机突变有关，这是因为这个 GC 含量似乎是被整个基因组决定的，而不仅仅是编码的基因组的部分。然而，如前所述，不同类型的密码子使用偏差被观察到与翻译效率有关。因此，这种密码子偏嗜在进化过程中必须受到选择压力，仅凭突变率无法解释各种观察结果。尤其是基因内和基因间的密码子偏嗜不可以用突变理论来解释。此外，研究表明，病毒基因由于高突变率所导致的密码子对使用模式的改变能够造成 CpG 和 UpA 等核苷酸二联体使用模式的改变，最终影响病毒基因组的复制效率。

二、病毒基因复制与同义密码子使用模式的关系

（一）RNA 病毒基因复制对其同义密码子使用模式的影响

RNA 病毒在人类文明的进程中引发了多次严重威胁人类生命健康的疫病大流行，如流感病毒、埃博拉病毒及 COVID-19 的暴发。RNA 病毒最大的特征就是病毒基因组在复制的过程中很容易发生基因突变，导致子代病毒粒子在遗传学上呈现出遗传多样性。目前已知的大多数 RNA 病毒基因组通常具有很强的核苷酸使用偏嗜性，尤其是尿嘧啶和腺嘌呤表现出来高度一致性突变偏嗜（consistent mutational bias）。例如，正链单股 RNA 病毒基因组通常在突变中偏向于突变为腺嘌呤而非尿嘧啶。同理，负链单股 RNA 病毒基因组中通常表现为碱基具有突变为尿嘧啶的偏

嗜性。有学者提出，RNA 病毒基因组中富含腺嘌呤碱基可降低 RNA 二级结构的碱基堆积能，减弱同义密码子使用偏嗜性对宿主细胞中 tRNA 的匹配差异，降低特殊氨基酸成分在病毒蛋白中出现的频次，以及降低宿主免疫系统对病毒基因的识别能力。在突变压力与翻译选择压力的双重影响下，RNA 病毒在基因组突变谱系上（mutant spectrum）、进化轨迹（evolutionary trajectory）上及致病力方面均表现出很高的遗传多样性。RNA 病毒在子代病毒群的复制过程中所表现出来对自身基因突变的耐受性很大程度上有利于在复制和侵染过程中更好地适应宿主细胞内环境。以 IAV H3N2 毒株的 PB1 基因为例，禽源 IAV 与人源 IAV 的 PB1 基因在同义密码子使用模式上存在差异性，这反映出特定动物源性的病毒在适应自然宿主的演化进程中使自身同义密码子使用模式适应宿主细胞内环境。当禽源 IAV PB1 基因的同义密码子使用模式更加适应人源细胞内环境（如与 tRNA 表达含量相匹配）时，即使被病毒感染的细胞产生了大量干扰素进行病毒病反应，病毒仍然表现出了很强的宿主适应性。研究人员以季节性流感病毒为研究对象，发现人源 IAV 流行毒株在同义密码子使用模式上高度适应人源细胞内环境，将人源 IAV 在其他哺乳动物细胞中进行适应性传代后，发现病毒的毒力明显降低，这反映出病毒同义密码子使用模式对自然宿主高度的依赖性。

（二）DNA 病毒基因复制对同义密码子使用模式的影响

与 RNA 病毒相比，大多数 DNA 病毒无论在基因组结构上还是病毒蛋白组成方面均表现出一定程度的复杂性，这也为 DNA 病毒在适应宿主（细胞环境与抗病毒免疫）的过程中提供了更多的"选择权"。DNA 病毒基因组的核苷酸含量变化引起的突变选择压力是其同义密码子使用模式形成的主要遗传动力。但是，为了更好地适应自然宿主（尤其是哺乳动物等高等生物），DNA 病毒同义密码子使用模式的形成还会受到宿主细胞内环境及宿主免疫系统产生的自然选择压力的影响。最典型的遗传表现就是，无论 DNA 病毒基因组体量大与小，含有 CpG 或者 TpA 核苷酸二联体的同义密码子在被 DNA 病毒基因选择的过程中会表现出很强的差异性。本部分将列举几种 DNA 病毒来阐述同义密码子使用模式在 DNA 病毒基因组复制中的作用。

人类疱疹病毒（human herpes virus，HHV）在遗传演化过程中已经形成了与人类同义密码子使用模式相似的特征。研究人员在分析了 8 种不同类型 HHV 的基因组遗传学特性后，发现 HHV2、HHV3、HHV4、HHV6 与 HHV7 基因组 GC 碱基含量丰富，而 HHV1、HHV5 和 HHV8 的基因组富含 AT 碱基。尽管不同 HHV 基因组 GC 与 AT 碱基含量差异明显，但是这 8 种 HHV 基因的同义密码子使用偏嗜性较弱。这种较弱的密码子使用偏嗜性是由病毒自身基因组突变选择压力及宿主施加的翻译选择压力共同作用形成的。

人乳头瘤病毒（human papilloma virus，HPV）与宿主基因组在 GC 含量上差异显著。HPV 基因组对 18 种同义密码子具有很强的选择偏嗜性。在这些优势密码子中有 14 个同义密码子是以 U 结尾的。HPV 基因组所形成的同义密码子使用偏嗜性对于自身编码衣壳蛋白基因及致癌基因的复制和转录起到重要的调控作用。HPV 基因组同义密码子使用模式导致病毒对角质形成细胞（differentiated keratinocyte）表达的氨酰 –tRNA 含量具有很高的契合度，因此，病毒在角质形成细胞中的表达水平明显高于其他组织细胞。实验证明，通过同义密码子使用模式的相关修改能够提高 HPV 相关 DNA 疫苗的免疫原性，由此引发机体很强的体液和细胞免疫反应。与 HPV 的宿主范围相比，疱疹病毒（herpes virus）能够广泛感染包括人类在内的很多哺乳动物，并且这种生物学特性也在基因治疗方面得到了广泛的应用。疱疹病毒基因组含有偏嗜性较弱的同义密码子使用模式在病毒宿主嗜性上发挥重要作用。目前针对已经基因组测序分析的疱疹病毒的同义密码子使用偏嗜性分析发现，仅仅是 CUG、CAC、CAG、AAC、GUG 及 GAC 同义密码子在多数病毒基因中表现出很高的使用频率，这与多数哺乳动物细胞偏向于选择 C 或 G 为结尾的同义密码子作为优势密码子是相关的。HSV 基因组也表现出来倾向于选择以 G 或 C 结尾的同义密码子作为病毒基因组的优势密码子，这也与此种病毒具有广泛宿主嗜性相关。

第5章 同义密码子使用模式
对基因转录的影响

·

无论是原核生物还是真核生物，高表达基因通常含有大量被高频使用的同义密码子。这也就使人们看到了一种表象，即同义密码子使用偏嗜性直接与蛋白质表达效率相关。随着基因组学、转录组学与蛋白质组学对模式生物（如酵母菌、大肠杆菌和秀丽隐杆线虫）的相关研究发现，同义密码子使用偏嗜性对基因转录过程均发挥着重要作用。例如，在酵母菌中，不同基因转录物半衰期差异很大，这与同义密码子使用模式对 mRNA 二级结构及稳定性的影响密不可分。既然 mRNA 核苷酸序列的成分在其衰减过程中发挥着决定性作用，那么其对应的密码子使用模式会在其中发挥调节作用吗？将稀有密码子（rare codon）引入一个小段基因中会导致 mRNA 稳定性显著下降，这表明翻译动力与 mRNA 衰减之间存在相关性。许多密码子优先富集在稳定转录本中，而其余密码子则与不稳定转录本的形成有关。此外，改变转录物的密码子使用偏嗜性可使 mRNA 稳定性增强或减弱 10 倍之多，同时破坏基因结构的优化密码子可降低核糖体的延伸率和整体翻译效率。延续这样的研究思路，研究人员已经在大肠杆菌、裂殖酵母、斑马鱼及人源细胞系、小鼠源细胞系和大鼠源细胞系中发现了同义密码子使用模式与 mRNA 稳定性之间的相关性。这也从更高层次反映出，同义密码子使用模式所施加的生物学及遗传学效应将影响 mRNA 半衰期的长短，并且在转录过程中将其遗传学信息通过调节转录物的稳定性加以表现。

一、同义密码子使用模式影响 mRNA 的半衰期

（一）对 mRNA 前体转录物剪切活性的影响

大量的稀有密码子在特定的基因簇内编码氨基酸的生物合成似乎是反常的。然而，氨酰 -tRNA 的相关水平在饥饿条件下观察被认为是很有意义的。这些稀有密码子当前在氨基酸生物合成基因中被在饥饿条件下仍然有相当高电荷的 tRNA 识

别。此外，在细菌氨基酸生物合成操纵子中发现，在饥饿期间，低电荷的 tRNA 在"转录衰减控制"机制中发挥这个作用。这种控制机制依赖于在 mRNA 的前导顺反子处翻译的核糖体与在多顺反子 mRNA 上转录顺反子下游的 RNA 聚合酶之间的竞争。在 mRNA 的前导顺反子中，存在饥饿期间具有低电荷水平 tRNA 识别的密码子，这在饥饿期间导致核糖体在前导翻译期间停滞。这种停滞会影响 mRNA 下游序列的二级结构，从而减轻转录抑制，导致编码生物合成途径酶的下游顺反子进一步转录。

（二）对 mRNA 二级结构的影响

对于初始翻译，在 mRNA 上的核苷酸需要被隔绝，并且起始密码子必须被识别。这种起始过程被监管序列促进。在原核生物中，mRNA 编码序列的 SD 序列上游和 16S rRNA 的反 SD 序列监管着翻译起始的效率。在真核生物中，起始密码子周围的 Kozak 序列参与翻译前起始复合物的相互作用。因此，调节起始序列和起始密码子周围的 mRNA 折叠强度会影响翻译起始效率，这些 5'mRNA 二级结构也部分受编码序列 5' 端的影响。通过分析大肠杆菌和酿酒酵母中报告基因的同义变体文库，得出的结论是，大多数观察到的蛋白质表达变异可以通过 mRNA5' 端 mRNA 折叠的差异来解释。然而，这一结论引起了激烈的辩论，有人认为 mRNA 二级结构的影响被高估了，因为上述的研究主要依赖于已报道的基因变体及 mRNA 二级结构的强度。

随着密码子二联体使用偏嗜性的发现，除了密码子频率和密码子共现，密码子在所处环境下的选择性也受到了约束。核苷酸临近的特异性密码子以非随机的方式分布。这种现象被称为密码子对使用偏嗜性（codon pair bias）。例如，可能有 8 个密码子对编码邻近的丙氨酸和谷氨酸。根据密码子频率，我们可以预期这些氨基酸被 GCC-GAA 和 GCA-GAG 密码子对平均编码。然而，在人体中，对比被预期的频率，GCC-GAA 密码子对是严重不足的，即使它包含 GCC 这种氨基酸中最普遍的密码子。一些密码子对被普遍避免或首选，例如，nnUAnn 密码子对通常代表性不足，而 nnGCnn 密码子对是最优选的。这些密码子对使用的偏嗜性在很大程度上会影响 mRNA 二级结构的空间构象，从而指导基因转录及翻译等生物活性。

二、同义密码子使用模式在基因组层面对转录的调控

（一）密码子使用依赖性启动子对转录的调控

如前所述，功能相关基因通常有相似的密码子偏嗜，允许它们在特异的条件下共同调节。然而，在相关基因的密码子偏嗜程度上有很大差异也已经被证实。即使在原核生物操纵子内，个体基因的密码子偏嗜可能有相当大的差异。在 ATP 合酶操纵子中，观察到编码高丰度 ATP 酶亚基的基因富含被丰富 tRNA 识别的密码子。在最近的比较基因组学分析中，在细菌和古生菌中的一些不同的操纵子中，亚单位化学计量法与密码子偏嗜之间的相关性被证实。这些操纵子被选择是因为它们编码了具有不平均的亚单位化学计量法的蛋白质复合物，并且包括高表达复合物（如核糖体、ATP 酶）和低表达复合物（CRISPR 相关级联复合体）。几种多顺反子信使通过不均等化学计量法编码蛋白质复合物的翻译被核糖体密度分析评估。这个分析表明编码丰富亚基的顺反子有相关的高核糖体密度，即这些顺反子的翻译起始允许差异翻译。此外，在更高表达的亚基与密码子频率偏嗜和共现偏嗜之间发现存在正相关。这种相关性强烈地表明密码子偏嗜在调节高表达亚基的延伸率中的作用。差异翻译被提议作为一种通用控制模式来调整具有不均匀化学计量的操纵子编码蛋白质复合物的差异生产。除了上述蛋白质复合物外，差异翻译对于其他需要差异生产的（操纵子编码的）相关蛋白质组也很重要，包括控制系统和代谢途径。

（二）密码子使用模式介导基因转录的调控机制

同义密码子优化（synonymous codon optimization）在提升外源基因表达效率方面已经广泛被认可，自然界中具有高表达效率的基因同样也富集了很多优势密码子。基因组学结合蛋白质组学在分析细胞中基因群体整体翻译效率与同义密码子使用模式之间的关系时，同样能够支持上述观点。密码子优化可能导致某些 mRNA 多聚体的形成而影响蛋白质表达效率，这对同义密码子使用偏嗜性通过影响蛋白翻译保真性、转录物剪切及多聚腺嘌呤化等生物过程在基因转录及 mRNA 稳定性方面施加影响。研究人员在对核糖体于 mRNA 上的移动影响 mRNA 稳定性的研究中发现，核糖体移动速率的快慢对 mRNA 群体转录水平的影响很大。核糖体与 mRNA 结合过程所需的时间长短与同源 tRNA 干扰及核糖体变构相关。在基因转录的过程中，脱腺苷酶（deadenylase）与转录物结合强度的高低是与核糖体识别并结合 mRNA 速

率大小相关的，这会导致多聚腺嘌呤链的缩短，以及 5′ 端帽状结构的降解，最终直接影响到基因转录物的半衰期。

基因转录一旦开启，RNA 聚合酶就会沿着 DNA 模板链定向移动来合成 RNA，直到遇到终止子序列而终止转录活性。此时，RNA 聚合酶停止向延伸的 RNA 核酸链继续添加新的核苷酸，新合成的 RNA 产物就会从 DNA 模板链上脱离。转录的终止过程需要所有维持 DNA-RNA 杂合链的氢键断裂，然后 DNA 重新形成双链形式。而 DNA-RNA 杂合链之间氢键的形成及断裂难易程度也与同义密码子使用模式有一定的联系。因为核苷酸含量偏倚效应会影响杂合链之间碱基堆积力的强弱，从而影响杂合链分离过程中氢键断裂的难易程度。

（三）密码子使用模式导致基因转录中存在极化现象

同义密码子优化（synonymous codon optimality）能够通过调节基因转录或者翻译来影响细胞的正常活性。高表达基因通常富集优势密码子来提高翻译系统的工作效率，最大限度节约细胞能量代谢，确保蛋白产物正确空间构象的形成，并降低细胞毒性作用。由于生物体基因的遗传多样性，不同基因无法简单通过单纯密码子优化来提高翻译效率。尚不清楚特定转录本可以在何种程度上利用同义密码子优化来编排自身基因构架。若蛋白功能结构域编码序列高度保守并且富含优势密码子，那么此种同义密码子使用模式如何调控新生多肽链的共翻译折叠呢？事实上，单纯通过密码子优化提高翻译效率并不能维持蛋白产物的正常生物学活性，因为翻译效率过高会影响正确蛋白空间构象的形成，并对细胞造成不良影响。那么，优势密码子与劣势密码子在使用上是否有一定的排布规律呢？研究人员分析了不同物种基因翻译起始区的同义密码子使用模式，发现稀有密码子（劣势密码子）比同家族成员中的优势密码子更被倾向性选择使用。研究表明，稀有密码子并非是降低蛋白产量的直接原因，相反，这类密码子在调控和维持新生蛋白功能活性方面发挥着特定的生物学作用。在研究果蝇 S2 细胞（drosophila S2 cell）的 Hsp70 启动子下游同义密码子使用模式对基因转录的影响中，研究人员发现，越靠近启动子的同义密码子的使用偏嗜性越强。这表明同义密码子使用模式在基因不同部位具有极化现象，并且这种由密码子使用产生的极化效应在细胞基因组水平上有序、精密及高效的转录和翻译活动中发挥着重要的作用。此外，这种极化现象有助于协调功能相关基因的表达模式。关联性基因在翻译水平上所表现出来的默契程度要远远高于其转录水平，功能相关的 mRNA 通常具有非常相似的密码子使用模式。在酵母菌中，参与糖酵解代谢的酶类基因均偏向于使用相似的最优密码子模式。鉴于糖酵解作为关键生物体能量代谢的环节，科学家推测相互关联的蛋白酶基因群在同义密码子使用模式上进行了统一，由此来提高系统性生化反应过程中的协调性与严密性。然而，参与对突发刺激信号做出瞬时反应（如信息素反应）的蛋白信号分子的编码基因却倾向于使用那些非最优密码子作为其组成部分。这一遗传学特征可能反映出相关调控基因利用非最优密码子来产生选择性压力，从而将翻译产物量维持在较低水平，而高水平的非最优密码子含量所致的转录物不稳定性有助于确保刺激信号取消时，瞬时刺激引起的反应可以迅速减弱。与生物钟相关的基因就是一个很好的例子，它们控制着各种生物体的昼夜节律（如蓝藻和粗糙脉孢菌）。在这两种生物体中，生物钟基因都避免使用优势密码子，这对于它们对昼夜交替做出正确生物学反应至关重要。

第6章 同义密码子使用模式对蛋白翻译的调控

———————————— • ————————————

分子生物学的中心法则涉及蛋白质表达的通常原则：DNA 被转录成 mRNA，mRNA 被翻译成蛋白质。翻译的关键分子是一组 tRNA，每个 tRNA 都在核苷酸三联体和相应的氨基酸之间提供一个特定的、直接的联系。核糖体是容纳 tRNA 和 mRNA 翻译的引擎。破译的遗传密码显示 61 个密码子编码标准的 20 个氨基酸，而剩余的 3 个是翻译终止信号。遗传密码几乎是通用的，这意味着几乎所有的有机体对于特定的氨基酸均使用完全相同的密码子，因为 20 个氨基酸中有 18 个通过多价同义密码子编码，所以遗传密码的这种特性被称为"简并性"。因为同义突变不影响被编码氨基酸的同一性，所以起初认为这种突变对蛋白质的功能和有机体的适应性是没有影响的，因此被认为是"沉默突变"。然而，对比序列分析显示在不同有机体的基因中同义密码子的分布是非随机的。每一个有机体似乎更倾向于某一特定的同义密码子，这种现象被称为同义密码子偏嗜性。

在生物界中，同义密码子使用模式为基因表达翻译提供了更多样的遗传模式。凭借同义密码子使用模式，基因表达在不影响蛋白质一级结构的前提下给蛋白质合成注入了更多的遗传信息。同义密码子使用偏嗜性携带的生物遗传效应在基因翻译表达方面主要体现为精微翻译调控选择涉及的相关机制。结合宿主密码子使用模式，针对性地对外源基因进行同义密码子使用模式的优化有助于外源基因的高效表达。本章结合当前同义密码子使用模式介导的精微翻译选择压力如何介入蛋白翻译过程来影响产物生物学功能，为今后基因工程领域如何优化外源基因高效翻译及探索生物关键生物学活动中蛋白质翻译调控提供参考信息。

一、同义密码子使用模式对翻译效率的影响

翻译延伸（translation elongation）是蛋白质合成的重要环节，其过程执行的保

真性决定着蛋白质的氨基酸数目、成分及正确的空间构象。无论是真核细胞还是原核细胞，翻译延伸过程基本可分为进位、转位和移位环节。简单概括为，核糖体在起始密码子（AUG）处完成自组装后，进入进位反应阶段，肽酰-tRNA 占据 P 位点，而氨酰-tRNA 进入 A 位点；紧接着进入转位反应，多肽链从 P 位点的肽酰-tRNA 转移到 A 位点的氨酰-tRNA 上，此时核糖体在 mRNA 序列上的位置未发生改变；当核糖体沿着 mRNA 向前移动一个密码子的位置时，使肽酰-tRNA 可以进入 P 位点，腾空的 A 位点为下一个密码子对应的氨酰-tRNA 进入做好准备。从蛋白质合成翻译延伸的过程中不难发现，氨酰-tRNA 在细胞内的含量差异及 mRNA 序列中同义密码子使用模式的多样性是决定核糖体扫描翻译速率的重要生物遗传学因素。不同生物同义密码子使用模式多样性、tRNA 在特定细胞类型及细胞周期的表达丰度、未遵循 Watson-Crick 碱基配对原则的摆动性均能够影响翻译延伸速率。同义密码子使用模式介导核糖体扫描速率的变化，对于多肽链延伸及蛋白空间构象的正确形成发挥关键作用。相比于高等生物细胞中同义密码子使用模式调控翻译延伸速率的多样性和复杂性，低等生物（尤其是单核细胞生物及病毒）同义密码子使用模式在此项生物调控中的作用更为明显。在分析不同微生物同义密码子使用模式的遗传学特征过程中，笔者发现密码子使用模式的多样性能够使有限的基因组携带更多生物遗传信息，这其中包括由自然选择压力介导的共翻译折叠（co-translation folding）和精微调控（fine-tuning translation）。目前，主流观点仍旧是稀有 tRNA 与特定密码子碱基识别配对是降低翻译延伸速率的首要原因。然而，越来越多的研究均能证明，同义密码子使用模式在介导核糖体扫描翻译 mRNA 序列过程中会依赖共翻译折叠机制来指导多肽链形成正确的空间构象，但是同义密码子使用偏嗜性如何介导核糖体对新生多肽链实现共翻译折叠并没有很系统地进行阐释。

（一）密码子使用偏嗜性与 tRNA 互作对翻译速率的影响

在核糖体印迹（ribosome profiling）技术尚未问世之前，单个同义密码子对基因表达效率的影响是较难检测分析的。但是，在特定密码子位点上，单个同义密码子使用偏嗜性影响翻译延伸速率是推断速率限制因素的一个重要生物遗传学参数。在早期对大肠杆菌的研究中，研究人员应用各种实验手段对同义密码子使用偏嗜性影响核糖体扫描翻译速率的差异进行了研究。例如，依靠放射自显影技术，研究人员在研究含有 [^{35}S] 甲硫氨酸的 β-半乳糖苷酶受到特定同义密码子使用偏嗜性而改变翻译延伸速率的过程中，将编码谷氨酸的两种同义密码子 GAA 和 GAG 分别以 30～60 个密码子串联的形式插入 *lacZ* 基因中，结果发现两种同义密码子使目标蛋白的表达效率相差 3 倍。虽然人工引入同义密码子串联体对蛋白天然空间结构造成影响，但是从侧面印证了同义密码子单体确实会调节翻译延伸速率。在研究密码子使用模式对口蹄疫病毒前导蛋白表达效率的过程中，笔者分析并实验验证了影响前导蛋白表达效率关键编码区同义密码子使用模式后，发现使用频率低的密码子倾向于出现在表达效率低的前导蛋白编码序列中，而使用频率高的同义密码子倾向于出现在表达效率高的前导蛋白序列中。

随着核糖体图谱技术的不断推广和应用，真正意义上单体同义密码子使用模式对翻译延伸速率影响的研究成为可能。核糖体扫描翻译 mRNA 链的过程中，A 位点和 P 位点的密码子是受到核糖体保护而不会被核酸酶降解的，这就可以通过描绘核糖体在特定 mRNA 链上的分布密度，间接反映同义密码子对翻译延伸速率的影响。近期，针对 HEK293T 细胞的特定基因及多能干细胞（pluripotent embryonic stem cell）基因群的密码子使用偏嗜性对于翻译延伸相关的研究中，研究人员通过核糖体图谱分析技术能够精确解析同义密码子如何介导与 tRNA 修饰、摆动性识别相关的翻译延伸速率的不同环节。研究人员利用 Perl 语言建立了 CONCUR 算法，有效地将核糖体分布密度数据与密码子在核糖体 A 位点、P 位点和 E 位点及彼此邻近位点的出现频率相结合，进一步提高了评估密码子影响翻译延伸速率的精确性。早期对单个密码子延伸速率的分析至少包含两个因素，相对比较复杂。首先，针对核糖体对目标基因翻译扫描的迅速捕捉对于检测基因体内翻译效率是至关重要的，但是能够令核糖体在基因上翻译扫描过程迅速停滞的抗生素有时也会影响核糖体对特定密码子的扫描翻译速率。在酵母中，添加环己酰亚胺可使单一密码子速率的分析被影响，这可能是因为在应用抗生素时延伸仍以缓慢的速率继续进行，而特异密码子的个体速率不同。无独有偶，氯霉素对细菌翻译的抑制会导致翻译中 E 位点的特定氨基酸（Gly、Ser、Ala 和 Thr）异常阻滞。为了避免应用抗生素带来的分析偏差，目前针对酵母研究方法普遍建议在液氮中快速冷冻。其次，对特定位置的核糖体密度的评估取决于核糖体印迹（ribosome footprint）的大小和排列（细菌中单体的大小为 15～45 个核苷酸，酵母中单体的大小为 16～34 个核苷酸）。在酵母中，与较长的印迹或截短的 mRNA 相比，较短的核糖体印迹可能来源于在翻译延伸的不同步骤中阻滞的核糖体。在大肠杆菌中，所有核糖体印迹表明 Gly 密码子的阻滞是由于 SD 序列大部分被核糖体占据的原因。然而，在最近的研究中已揭示了几个影响延伸速率的重要因素。

首先，特定类型的摆动解码是导致几种不同生物体缓慢解码的原因。在秀丽隐杆线虫和 HeLa 细胞中，GU 摆动互作解码比 G-C 解码的 Watson–Crick 碱基配对解码慢，基于 16NNU/NNC 密码子集的比较发现，这些密码子由相同的同工受体 tRNA 解码。在酵母中，使用摆动互作的两个密码子（IA、Arg CGA 和 UG、Pro CCG）的解码也很缓慢。tRNA 反密码子（N34）中互作碱基的修饰通常会促进摆动密码子的解码，并且 tRNA 具有高度转录后修饰，在酵母中每种 tRNA 平均有 12.6 个修饰。早期的研究表明，$tRNA^{Glu}$ 中未经修饰的 U_{34} 会导致两种 Glu 密码子在一定情况下的解码率差异。然而，目前还没有关于修饰缺失对解码率影响的一般性检测。

其次，基于氨酰化的 tRNA 进入核糖体 A 位点的速率明显影响核糖体对基因翻译扫描的速率这一实验观测结果，研究人员推测细胞内不同种类 tRNA 的含量在很大程度上是与相对应的同义密码子使用模式相关。tRNA 的数量的确与核糖体占据的密码子特异性差异有关，正如基于该模型所预测的，翻译延伸速率受到携带氨基酸的 tRNA 与核糖体 A 位点作用的量的限制。预期结果中，通过低丰度 tRNA 解码的密码子速率较慢，这将导致在这些密码子上核糖体占用率变高。事实上，在许多酵母研究中均可发现，tRNA 丰度（以 tAI 作为度量评估）和核糖体占用之间呈现负相关，尽管这种相关性很弱。此外，tRNA 表达的变化确实会影响生物调控。有证据表明，tRNA 的含量确实可以调节翻译延伸速率和翻译效率。然而，tRNA 浓度和延伸速率之间的关系并不简单。在一项研究中，通过将特定 tRNA 的丰度降低到 30%，使特定密码子翻译速率（应用核糖体图谱技术）受到轻微的影响，而完全不受低拷贝 tRNA 的影响。此外，仍然无法明确是哪种特性限制了 tRNA 的数量，但可合理推测与三种原因有关：tRNA 的绝对浓度、tRNA 与解码密码子的相对数量、同源 tRNA 和近同源 tRNA（near-cognate tRNA）之间的竞争。

另外，无论是基因内的位置还是其他局部特征，都可能影响单个密码子的解码速率。每 61 个密码子在前 200 个密码子中的翻译速度都比在基因的其余部分要慢，这是由于该区域受核糖体保护的片段平均增加了 33%。此外，如果密码子位于形成蛋白质二级结构的区域内，而不是在域间区域内，则密码子的翻译速度会变快；如果密码子位于多碱基区域的下游，则翻译速度会变慢。这些结果强调了通过密码子选择来影响翻译调控的复杂性。

（二）密码子使用偏嗜性对核糖体在 mRNA 上移动速率的影响

探究密码子如何调节翻译效率一直是一项挑战，因为很难精确定位使翻译效率降低的特定密码子或密码子组合。密码子使用的变化会影响 mRNA 的结构，以及翻译延伸的速率和准确性，从而导致分析变得更加复杂。例如，对编码单个可分析基因的多个同义变体的解码库进行分析显示，5′ 端强 mRNA 二级结构的选择是高表达的主要决定因素，即密码子选择产生的更强结构导致了表达抑制。对大肠杆菌和酵母的基因组分析证实了这一点，因为 N 端附近的 mRNA 结构通常较弱，可以促进翻译起始。然而，密码子对酵母表达的影响进行系统分析后发现，Arg CGA 密码子缺乏解码能力，而相邻的 CGA 密码子比分离的 CGA 密码子抑制性更明显。

密码子对翻译的影响也可能取决于其他参数，如相邻密码子的相互作用和在基因中的位置。巧合的是，密码子的作用受其邻近核苷酸（或密码子）调节的观点与密码子使用可能影响基因表达的猜想同时被提出。这两种猜想的提出是基于发现无义与错义密码子（nonsense and missense codon）干扰核糖体翻译扫描是受到其周围核苷酸环境的影响而出现的，而这种现象也被称为"密码子背景"（codon context）现象。此后不久，Gutman 和 Hatfield 注意到，密码子对在大肠杆菌中具有使用偏嗜性，并且与表达水平相关。密码子对偏嗜性存在于多种生物中，但其在表达中的作用尚不清楚，并且动物界、植物界与原生动物界都规避了一些密码子对。例如，规避 nnUAnn 密码子对以降低形成外终止密码子的可能性。研究人员观察到，在小鼠中编码病毒基因的密码子对不足会导致病毒衰减，这表明这类密码子对的表达是有害的，尽管其影响的性质仍有待研究。由此可见，密码子组合或密码子背景是调控翻译延伸的关键，而相关研究却相当少。

利用沙门菌衰减系统可直接检测密码子、密码子背景和密码子组合对翻译延伸速率的影响，用以检测体内的相对翻译速度。在这个系统中，前导多肽（leader polypeptide）的快速翻译导致转录终止及下游基因翻译的终止，而前导多肽的缓慢翻译则会提高下游基因翻译过程的稳定性和效率。对一个 Ser UCA 密码子的上游和下游全部 64 个密码子影响的检测表明，翻译速率取决于相邻密码子使用偏嗜性及其所在基因的位点。

科学家通过对酿酒酵母所有基因表达效率的分析，发现了 17 个能够明显抑制基因表达效率的密码子对（codon pair）。利用绿色荧光蛋白基因作为分析对象，将这 17 个密码子对引入绿色荧光蛋白基因中，从而获得了 35 000 个表达基因突变体，并且发现这些突变体基因的表达效率均处于很低的水平。进一步分析发现，并非核苷酸六连体能够引发相应密码子对导致的翻译效率降低，这更进一步表明特定密码子对（如编码脯氨酸 – 脯氨酸、精氨酸 – 精氨酸）能够影响基因的表达效率。对具有翻译抑制性密码子对特性的分析发现，这些特定的密码子对能够将酿酒酵母体内大多数基因的表达效率降低；这些密码子对是通过与 tRNA 反密码子碱基摆动性配对（如 I 与 A 配对，以及 U 与 G 配对）来影响基因的表达效率；密码子对与 tRNA 结合及解离的难易程度也能影响翻译效率。相关研究成果纠正了前人认为同义密码子使用模式只与氨酰 –tRNA 占据核糖体 A 位点时长相关的旧观念。显然，核糖体中相邻位点之间的一些相互作用能够限制翻译，但尚不清楚这种相互作用发生在翻译的哪个阶段及其作用方式。

（三）同义密码子影响基因表达效率的机制

密码子的使用对翻译速率和产量造成影响的机制尚不明确，但现已有三种不同观点：①次优密码子的使用可降低 mRNA 的不稳定性；②次优密码子的使用可能会反馈和限制翻译启动；③次优密码子的使用可能会激活一个针对新生多肽或 mRNA 降解的质量控制机制的发生。1987 年，在酵母 PGK1 基因密码子效应的研究中就提出了密码子使用和 mRNA 稳定性相关的猜想，并随后指出稀有密码子影响 *MATα1* 和 *PGK1* 基因转录成的 mRNA 稳定性。事实上，mRNA 的降解和翻译之间有着千丝万缕的联系。影响 mRNA 稳定性的因素较多，包括 RNA 结合蛋白、miRNA、RNA 二级结构等。另外，mRNA 降解对翻译速率的依赖程度及降解发生的机制尚未完全阐明。

基于对 mRNA 稳定性的全基因组分析，酵母密码子的使用被认为是 mRNA 稳定性的主要决定因素，表明了 mRNA 的半衰期和用于编码基因的密码子的最优性之间有很强的相关性。此外，基因的同义替换也可导致 mRNA 稳定性的变化，表明了基因密码子的组成决定了其 mRNA 半衰期的差异。这种相关性对细菌和脊椎动物（包括人类）同样适用。最近对斑马鱼受精后、母源卵细胞向合子转变的分析表明，特定密码子和氨基酸的翻译与母体衰变 mRNA 的快速降解有关。研究表明，向基因特定区域引入单个核苷酸突变后，突变体的同义密码子使用模式的最优性及

mRNA 半衰期均会受到影响。含有高度保守序列的 Dhh1 蛋白具有一个解旋酶结构域，此结构域参与了 mRNA 合成与降解，以及核糖体在 mRNA 上特向移动的速率。*DHH1* 基因的缺失可导致富含次优密码子的 mRNA 稳定性提高。这是因为 Dhh1 蛋白优先与富集次优密码子的 mRNA 结合，从而增加了核糖体占据 mRNA 上特定密码子位点的时间，最终导致 mRNA 特定密码子所在区域核糖体聚集，增加了这些 mRNA 和特定密码子上的核糖体数量。此外，Dhh1 蛋白还可促进缓慢移动的核糖体的 mRNA 的衰变，这表明 Dhh1 蛋白既能识别核糖体，又能影响核糖体的速度。

密码子对 mRNA 稳定性的影响只能部分解释密码子的使用和蛋白质之间的联系，因为有许多例子表明翻译效率（每个 mRNA 的蛋白质产量）依赖于密码子的使用。此外，在斑马鱼的全基因组分析中，通过每个 mRNA 的核糖体印迹证实了翻译效率对密码子使用功能影响的差异。在酵母中也得到相似的结果，即使正常密码子 mRNA 缺失，使用次优密码子也会导致蛋白质产量降低。此外，次优密码子的位置是其影响 mRNA 衰减的主要因素，而不是蛋白质输出；mRNA 的衰减优先影响次优密码子近 3′ 端 mRNA，但蛋白质产量不受影响。因此，延伸速率和蛋白质产量的关系仍需探究。普遍认为，核糖体在 mRNA 上移动速率下降就会影响蛋白质合成效率。其中，翻译起始区（前 30～50 个密码子）如果存在大量稀有密码子，则会显著降低核糖体在翻译起始区的移动速率，从而使核糖体在翻译起始区的聚集密度降低，最终从整体上控制了基因表达效率。例如，口蹄疫病毒基因组中的翻译起始区就富集了大量稀有密码子，从而降低了核糖体在病毒 ORF 翻译起始区的移动速率。但是翻译起始区富含大量稀有密码子并非对蛋白表达翻译都是负面影响。越来越多的证据表明，翻译起始区若含有一定数量的稀有密码子，将显著可控制核糖体在 mRNA 上移动过程中出现"扎堆"现象，进而避免由于核糖体在 mRNA 上移动速率过快导致相互之间发生碰撞后的翻译终止现象。

二、同义密码子使用偏嗜性对蛋白质构象的影响

1987 年，科学家利用编码 37 个蛋白质结构域的编码序列作为研究对象，发现特定结构域在形成过程中的翻译速率缓慢，这是由于所在区域同义密码子使用模式的影响造成的。对基因进行同义密码子使用模式替换后，一些同义密码子能够对蛋白空间构象产生明显的影响，并可能影响蛋白质的生物学活性。信号识别粒

子（signal recognition particle，SRP）可与 mRNA 翻译起始区特异性识别，并在下游编码序列形成一个长约 40 个密码子位点的核糖体移动缓慢区（大约是核糖体蛋白出口孔道的长度）。这种使核糖体移动速率降低的翻译起始区广泛存在于不同编码基因中（如酵母基因和病毒基因等），并且保守性强。核糖体在 mRNA 上的移动速率不仅仅影响新生多肽链的延伸速率，而且能够通过移动速率的变化来指导新生多肽链空间构象的正确形成。翻译速率和蛋白质折叠之间存在联系，研究显示，调节局部翻译速率会影响蛋白质稳态和特定蛋白质的折叠。例如，tRNA 序列中第 34 位的尿嘧啶若出现异常修饰，将严重影响相应 tRNA 对特定同义密码子的识别及正确解码氨基酸，提高新生多肽链翻译后正确空间构象形成的概率，最终导致蛋白质错误折叠与无序聚集成团（也称为蛋白质毒性应激反应）。利用粗糙链孢霉为模式菌，将同义密码子优化后的萤火虫荧光素酶编码基因导入菌体内进行表达效率及活性分析，研究人员发现虽然密码子优化会使萤火虫荧光素酶的翻译合成速率明显提高，但是蛋白产物的酶学活性却显著降低。此外，病毒蛋白产物同样受到同义密码子使用模式的影响。RNA 病毒的蛋白产物（衣壳蛋白、RNA 依赖性 RNA 聚合酶及丝氨酸蛋白水解酶等）不同二级结构对应的编码序列同样具有特定同义密码子使用偏嗜性，改变处于关键位点的同义密码子使用模式将会影响相应病毒蛋白的生物学活性。

（一）精微调控翻译机制对多肽合成的作用

针对同义密码子使用模式在蛋白质空间构象形成过程中扮演角色的深入研究，研究人员发现，蛋白质的共翻译折叠机制与核糖体与同义密码子使用模式的解码速率密切相关，并且基因为了能够顺利完成共翻译折叠过程会利用优势密码子、次优势密码子、常规密码子及稀有密码子的有序排列来实现新生多肽链在翻译过程中就能形成正确的空间构象。除了通过计算机模拟计算蛋白质二级结构形成与同义密码子使用模式之间的相关性，将天然蛋白质编码序列中的一些稀有密码子进行同义密码子优化后会导致蛋白空间构象及生物学活性改变。以 α 螺旋为例，编码序列富含优势密码子，这导致核糖体通过此处时移动速率加快。然而，在 α 螺旋翻译的起始区存在一种特定的同义密码子使用模式，1 和 4 密码子位点主要由稀有密码子占据，而 2 和 3 密码子位点则高频出现优势密码子。这种密码子使用模式已经说明，在 α 螺旋相关多肽链还未完全离开核糖体时，核糖体就能够与 α 螺旋翻译起始区的密码子互作，介导新生多肽通过共翻译折叠来形成 α 螺旋。与 α 螺旋编码序列具有的同义密码子使用模式相比，β 折叠编码序列更倾向选择优势密码子作为编码氨基酸的翻译器。除了蛋白质二级结构编码序列在选择同义密码子使用模式表现出非随机性，蛋白质关键功能结构域的形成也与同义密码子使用模式密不可分。其中，同义密码子使用模式介导的新生多肽折叠热力学与动力学机制发挥着重要作用。在生物工程领域，利用大肠杆菌等表达工程菌大量表达外源基因的过程中，若外源基因同义密码子使用模式与宿主菌翻译系统在密码子使用、tRNA 表达含量方面匹配的效果不佳，则可能导致外源蛋白无法以上清表达形式正确形成空间构象，反而导致蛋白质的降解或者无序聚集（包涵体）。

既然同义密码子使用偏嗜性与新生多肽链的共翻译折叠过程关系密切，那么同义密码子使用模式作为"桥梁"将编码基因所携带的遗传信息正确地以天然构象的蛋白产物进行展示对于生命活动是十分重要的。与原核生物相比，真核生物为了确保同义密码子使用模式能够正确指导天然蛋白产物的合成，还会通过不同种类的分子伴侣来协助新生多肽链的共翻译折叠过程。具有天然构象的蛋白产物是其发挥正常生物学功能的基础。新生多肽链的空间折叠通常始于 N 端，终于 C 端，其中有一些蛋白质功能结构域的折叠可以在核糖体肽链输出通道内进行。在新生多肽链合成的过程中，核糖体、分子伴侣和其他具有催化活性的分子化合物都参与了蛋白质空间构象的正确形成。为进一步了解新生多肽链构象折叠的分子机制，研究者通过对翻译速率低下的核糖体突变菌株、改变宿主菌 tRNA 水平后的菌株、降低菌株培养温度等相关实验，发现核糖体对 mRNA 序列扫描翻译速率的改变能够影响多肽构象折叠的准确性，这一发现广泛应用于外源基因在工程菌中高效表达的领域。若以包涵体形式在宿主菌种中生产外源蛋白，可优先尝试低温诱导工程菌表达外源基因，通过降低其翻译速率来保障新生多肽链正确折叠。笔者曾经对病毒蛋白空间构象与其自身同义密码子使用偏嗜性之间进行相关性分析，结果发现，病毒蛋白基因在形成密码子使用模式过程中同义密码子使用偏嗜性相关的遗传信息能够"嵌入"α 螺旋、β 折叠及无规卷曲对应的基因编码区，这也反映出同义密码子使用偏嗜性所携带的遗传信息能够指导多肽链的正确折叠。研究人员利用荧光报告系统对外源基因与宿主细胞同义密码子使用偏嗜性进行不同程度的比对分析发现，外源基因同义密码子使用偏嗜性与宿主细胞的模式具有很高的相似性，这会导致外源基因在表达过程中严重影响内源基因的正常翻译表达。这充分说明，外源基因（如病毒基因）密码子使用模式在宿主细胞表达过程中也受到精微调控翻译选择压力（fine-tune translational selection）的影响。

核糖体翻译 mRNA 形成的新生多肽链在分子伴侣等因子的协助下正确折叠，形成具有活性的蛋白产物。而蛋白质空间构象的折叠是一个复杂的分子动力学过程，需要依赖结构生物学及高分辨率的显微技术来解析相关过程。随着高分辨率检测技术在多肽链空间构象折叠过程研究中的应用，人们发现碱基排列顺序对蛋白质表达效率影响显著，编码具有相似功能蛋白基因的同义密码子使用模式也呈现很高的相似性。这表明同义密码子使用偏嗜性能够扩大编码基因携带的遗传信息量，并对多肽链空间构象的正确折叠具有重要作用，这种现象在原核生物中影响更显著。根据大肠杆菌同义密码子使用偏嗜性与 tRNA 丰度具有高度相关性这一理论，研究者针对大肠杆菌 tRNA 丰度的特征重新设计荧光素酶基因的同义密码子使用偏嗜性后发现核糖体对其 mRNA 的扫描速率明显提高，荧光素酶活性也随之增加。利用实时荧光共振能量转移检测技术，研究者检测哺乳动物晶状蛋白在大肠杆菌中表达时荧光强度的变化，并明确同义密码子使用偏嗜性对蛋白质空间构象的影响。磁共振波谱技术使蛋白质动态变化更加直观化，同时研究者比对分析一系列同义密码子突变体基因表达产物的空间构象后发现，同义密码子使用偏嗜性改变会直接影响新生蛋白的稳定性和功能活性。这提示研究者，人工设计同义密码子使用偏嗜性可以对目标蛋白的生产进行"干预"。同样，在真核细胞中同义密码子使用偏嗜性也发挥着相似作用。研究人员在分析与耐药性相关的基因 *MDR1* 时发现，该基因同义密码子使用偏嗜性变化会引起单核苷酸多态性发生，进而导致其蛋白产物的耐药性发生改变。研究者对脉孢菌和果蝇生物钟功能相关的基因结构进行研究，同样发现同义密码子使用偏嗜性在保障与生物钟功能相关蛋白空间构象的准确形成方面发挥着重要作用。倘若将生物钟基因 FRQ（circadian clock gene frequency）部分基因的优势密码子进行同义突变，将会使 FRQ 的半衰期显著降低，并使其发生磷酸化，从而影响机体生物钟的昼夜节律性。这些研究表明，同义密码子使用偏嗜性所存储的遗传信息可通过精微翻译调控来调节核糖体翻译速率，为多肽链正确折叠提供保障。

随着对同义密码子使用偏嗜性精微调控翻译机制研究的深入，研究者发现这种作用机制不仅存在于低等生物基因中，也存在于高等动物的基因中，如人体细胞中电导调节因子（conductance regulator，CFTR），即囊性纤维化患者体内一种突变的跨膜蛋白。他们发现，将其 NBD1 结构域中的关键稀有密码子进行同义突变，促进该因子翻译速率的同时会导致蛋白多肽链错误折叠并无序堆积。此外，人为将极低 tRNA 丰度高表达于 Hela 细胞中，发现仅提高了 CFTR 蛋白产量，其稳定性及通道运输活性并没有显著增强。另外，凝血因子 IX 和血管性血友病因子裂解酶（plasma von Willebrand factor lyase，ADAMTS13）基因中同义密码子使用模式的微小改变也会明显影响蛋白的活性。上述研究表明，同义密码子使用偏嗜性是生物体在长期遗传演化过程中携带精微调控翻译选择机制相关遗传信息的一种载具。

（二）同义密码子使用模式可用于预测蛋白的固有无序结构域

固有无序蛋白（intrinsically disordered protein，IDP）无特定空间构象，并且结构域变化无常，较难利用生物信息手段准确预测其构象。例如，在动物细胞自噬蛋白复合物中发挥主要作用的自噬蛋白 ATG13 内部就含有 IDP 结构域。在脉孢菌和果蝇中，生物钟基因 PER（circadian clock gene period）蛋白和参与调控生物钟的 FRQ 蛋白同属 IDP 类蛋白，与 ATG13 蛋白固有无序结构域同样都具有大量的磷酸化位点。由此产生一个有趣的问题：SCUP 虽然介导蛋白质空间构象的形成，但这种精微调控翻译选择机制能否同样适用于调控 IDP 结构域的生物活性？目前尚未报道 ATG13 蛋白内部固有无序结构域生物学功能与其同义密码子使用偏嗜性具有相关性，但有研究报道，参与调控生物钟的 FRQ 及 PER 蛋白中的固有无序结构域的生物学活性与其同义密码子使用偏嗜性显著相关。随后，有研究者分别优化编码 FRQ 不同结构域基因的密码子发现，优化固有无序结构域编码序列会破坏其生物学活性，而那些编码具有高度保守性的蛋白结构域的基因对同义密码子使用偏嗜性的改变具有一定的耐受性。

在改变同义密码子使用偏嗜性的条件下，利用脉孢菌体外翻译系统分析野生型与突变型荧光素酶报告基因蛋白活性的差异，发现密码子优化后的报告基因与野生型相比，目的蛋白表达量大幅提高，荧光素酶的活性却明显降低，这是因为密码子优化加速翻译过程中荧光素酶多肽链的合成，使得保守功能结构域的多肽链合成后无法及时形成正确空间构象。结合上述研究结果，固有无序结构域的"松散性"受到同义密码子使用偏嗜性产生的精微调控翻译选择压力的严重影响。与空间构象高度保守的结构域相比，固有无序结构域在共翻译折叠过程中所需要的时间和空间更多，而优势密码子提高翻译速率并不利于固有无序结构域空间构象的形成，或者不能达到其与互作蛋白结合所需空间距离的要求。

（三）蛋白质进化过程对同义密码子的使用模式的影响

在研究蛋白质高级构象的形成对编码序列同义密码子使用偏嗜性改变的影响时发现，机体通过不断改变同义密码子使用偏嗜性来储存与蛋白质进化相关的遗传信息。这主要体现在编码序列以特定同义密码子使用偏嗜性影响 mRNA 的稳定性、多肽链空间构象的形成及调节关键化学修饰位点的酶活性等方面。在特定蛋白质二级折叠结构与其同义密码子使用偏嗜性之间相关性的研究中，选用的优势密码子能够提升模式生物（大肠杆菌、脉孢菌、酵母、线虫和果蝇）核糖体的翻译速率，并且有利于 α 螺旋的形成，而固有无序结构域的编码基因则通过使用大量稀有密码子来降低核糖体翻译扫描速率，为保障其结构域空间构象正确形成争取足够的时空要素。即使物种不同，蛋白质功能高度相似的基因也会"不约而同"地以相似的同义密码子使用偏嗜性来储存遗传信息。

从前期研究人员关注如何通过优化密码子的方式提高外源 / 内源基因表达效率，到当前大多数研究者开始探讨稀有密码子使用模式所蕴含的深层遗传信息如何影响蛋白质功能活性，对基因转录和翻译过程的研究中心逐渐转移至同义密码子使用偏嗜性。稀有密码子富集在编码分泌蛋白序列的 5′ 端，推测这是为促进同义密码子使用偏嗜性靶向定位膜结构，以及调控蛋白分泌效率。在酿酒酵母（Saccharomyces cerevisiae）中，一些编码膜蛋白基因中特定的密码子具有介导新生多肽链与信号识别粒子结合的作用，从而实现膜蛋白准确跨膜转运[46]。其相关分子机制是，新生多肽链合成的同时，SRP 特异性识别 mRNA 下游富集稀有密码子的区域，进而减缓核糖体扫描翻译速率。在人源细胞中，γ- 肌动蛋白的精氨酸化修饰活性受到泛素化的调控。当核糖体扫描翻译至稀有密码子位置时，扫描速率降低，为精氨酸化修饰位点与修饰酶结合提供充足的时间，最终完成精氨酸化修饰。在构巢曲霉（Aspergillus nidulans）中，编码尿素转运蛋白基因中的一对稀有密码子对尿素蛋白的生产和定位也具有关键作用。以上研究结果均表明，同义密码子使用偏嗜性（尤其是稀有密码子使用模式）对于蛋白翻译后修饰和空间构象至关重要。在科学研究中，研究人员需要根据实验目的考虑如何改造同义密码子使用偏嗜性，为下游实验中所涉及的蛋白功能活性及蛋白互作创造良好的条件。

三、同义密码子使用模式介导折叠自由能对蛋白质合成的影响

蛋白质聚集倾向是蛋白质组普遍存在且不可避免的特性。引人注目的是，大部分蛋白质组是过饱和的，那么对于这些蛋白质，天然构象不如聚集状态稳定。在这些条件下，很难保持蛋白质组完整性，同时还需要消耗蛋白质组稳定调节能量。为什么在漫长进化过程中，聚集倾向保持在如此高的水平？我们认为，天然态和聚集态的构象稳定性在热力学上是相关的，并且密码子的使用加强了这种相关性。因此，稳定蛋白质折叠需要动力学调控（聚合守卫）以避免聚集。这些独特的残基在进化过程中被选择，在动力学上通过其自身或者选择伴侣来帮助天然折叠。

（一）蛋白质聚集倾向是对细胞健康的持续威胁

研究最多的聚集机制是通过蛋白质易聚集区（aggregation-prone region，APR）形成分子间 β 折叠。预测软件可根据其物理化学性质直接在初级蛋白质序列中检测APR。APR 的组装机制可以产生高度结构化的淀粉样蛋白原纤维或者更多的无定型聚集体。这个过程的具体结果很大程度上取决于实验和（或）生理条件。如前所述，许多无定型聚集体仍表现出丰富的 β 折叠，因此，尽管这种无定型结构也可能通过其他方式形成，但是基于相同的基本组装机制。在这个观点中，我们关注交叉 β 聚集机制，不管它是否会导致更高阶的结构，就像淀粉样蛋白。并且我们假设富含 β 折叠的无定型聚集体是由较短的 β 片层延伸组成，最终聚集成无定义实体。经对整个蛋白质组中 APR 的计算表明，任何蛋白质组中很可能有不到 1% 的蛋白质没有APR，不受蛋白质聚集倾向的影响。实际上，蛋白质序列中平均 20% 的残基倾向于错误折叠成 β 结构聚集体。多肽中的 APR 集合叫作内在聚集倾向，蛋白质序列的内在聚集倾向进一步受到构象、浓度和环境条件等因素的调节，进而导致实际聚集倾向。近年来，我们意识到在生理条件下，10%～30% 的蛋白质是过饱和的，这就意味着它们的表达丰度超过了其固有溶解度。因此，必须投入大量代谢能量调控蛋白质稳态，从而确保蛋白质得到能量并正确折叠。蛋白质稳态调控的削弱，解释了为什么衰老的机体更有可能患上聚集相关疾病。

本部分将讨论这种不稳定状态是如何形成的。在学术界，有学者认为内在聚集倾向与球状折叠稳定性是直接相关的。天然态的热力学稳定性需要疏水核心的复杂立体化学包装，这严重限制了蛋白质序列可优化的程度，在不破坏天然折叠的情况

下避免内在聚集倾向。这在热力学上对大多数蛋白质施加了溶解度限制，导致了大部分蛋白质组在生理浓度下是亚稳态的。此外，这种多肽折叠的热力学机制有助于天然折叠蛋白从聚集态中分离出来，允许蛋白质在过饱和浓度下表达。

（二）普遍的聚集倾向导致蛋白质组亚稳态

折叠蛋白质的经典图像是一串氨基酸链自身折叠，形成局部二级结构，如 α 螺旋、β 折叠和 β 转角，进一步排列成预定义的三维结构，即功能形成或天然折叠。自然界中，并非所有蛋白合成后都是彼此独立存在的，一些蛋白产物也会以聚合态的形式存在。在聚合态结构中，有很高的 β 折叠倾向和低净电荷蛋白质疏水片段以特定的序列与具有相同对应物的延伸进行分子间 β 折叠接合。多个片层可以纵向对齐，通过它们的侧链交错相互作用，垂直于 β 折叠轴。由此产生的交叉 β 构象在机械和物理化学上都是高度稳定的。事实上，在纤维核心的后续层中，疏水链有规律的折叠，结合连接各层的主链氢键网络，使成熟的聚合体高度稳定，当然，与生物功能天然态的边缘稳定性相比，后者需要功能的灵活性。关于淀粉样蛋白稳定性的更完整讨论可在其他地方找到，但是一个显著的区别是，该多肽在淀粉样蛋白状态下实现完整的主链氢键结合潜力；而对于通常包含二级结构元件和环混合物的球状蛋白而言，情况并非如此。然而，这应该通过最近的认识来缓解，即在 β 聚集状态下也会出现次优氢键几何形状的区域，结构受挫也会发生。

淀粉样蛋白构象是 30 多种退行性疾病的病理标志，其中特定的蛋白质采用这种分子间 β 构象。因此，淀粉样蛋白的形成有时会被认为是一种罕见的途径外事件，仅影响一组特定的蛋白质。然而，深入研究表明，大多数蛋白质有形成淀粉样蛋白的内在趋势，即以具有正确的物理化学特性的短片段形式存在。阻止这些区域实际引发聚集的最重要因素是天然蛋白质折叠及细胞蛋白质平衡机制。许多蛋白质是专性伴侣底物，在没有这些因子的情况下，在体外翻译时会聚集。重要的是，除了一些例外，大多数伴侣不是稳定折叠反应过渡态的经典催化剂。相反，通过与 APR 结合，它们阻止或逆转暴露的疏水区域相互作用，从而抑制聚集。这样做不仅可以提高折叠率，而且可以提高折叠速率，我们认为它们是通过破坏错误的疏水塌陷导致局部构象最小值来实现的。实际上，现代的蛋白质充满了内在聚集倾向：超过 90% 的球状蛋白包含至少一个区域有形成 β 结构分子间聚集体的倾向，从而使 APR 通用处理从折叠中分割出聚集体并调节疏水塌陷。此外，即使在相同的细胞浓度下，聚集态通常也比天然态更稳定，从而有效地使天然折叠成为亚稳态构象，仅仅在动力学上受到保护而不会转化为聚集态。这种情况对大多数蛋白质的功能表达浓度施加了热力学限制，从蛋白质聚集与 mRNA 水平和细胞蛋白质丰度之间的关系可以看出。蛋白质组稳定性的影响是深远的，近年来，蛋白质组很大一部分在生理条件下以过饱和状态存在，这意味着它们的丰度超过了其固有溶解度，从而产生了亚稳态的蛋白质组，这可能在与年龄有关的疾病中起重要作用。

（三）为什么高水平的内在聚集倾向在进化过程中持续存在

根据最近的工作，我们提出对蛋白质的进化持久性最直接的解释是，它是球状蛋白质结构的共同进化的效应。稳定的球状蛋白质折叠需要二级结构倾向和广泛的疏水核心。此外，蛋白质被合成为线性聚合物，球状折叠需要足够长度的疏水片段才能穿过核心。疏水性与高 β 折叠倾向重合的序列片段具有聚集倾向的出现性质（APR）。

重要的是，只要蛋白质保持其天然状态，这样的 APR 就不能参与替代相互作用，这通常需要至少一定程度的展开。然而，天然折叠稳定性和聚集倾向之间存在着更深层次的联系，对点突变的调查表明，降低聚集倾向的突变往往会降低天然状态稳定性，反之亦然。同时也发现，淀粉样蛋白状态的突变也倾向于降低天然状态的稳定性。此外，易于聚集的片段的聚集倾向与其天然状态稳定性的贡献相关，构成天然状态最稳定部分的片段往往具有较高的聚集倾向。此外，极端微生物蛋白质组的聚集倾向更高，其蛋白质的定义要求更高的热力学稳定性。最后，在光谱的另一端，本质上 IDP 结构域（从定义上讲没有稳定的三维结构）是唯一一类天然存在的多肽，它们具有明显更少的 APR。这表明降低聚集倾向的唯一进化途径是通过球状蛋白质结构的丧失。重要的是，APR 主要来源有两种：一种是来自疏水核心的形成，另一种起源于功能位点（如蛋白质 – 蛋白质相互作用位点）。尽管许多无序区域已经成功摆脱了由于球状结构产生的 APR，但其仍包含与功能相互作用相关的第二类 APR。然而，在 IDP 中，它们更具极性，并且聚集倾向更多的由 β 折叠倾向驱动，较少受疏水性驱动。这些区域的聚集倾向被嵌入高电荷序列中抑制，这些序列充当熵刷毛，但是仍可能以年龄依赖性方式导致聚集。实际上，一些深入研究的淀粉样蛋白是无序的或具有实质性的内在无序区域。有趣的是，聚集倾向甚至在遗传水平上是保守的，因为由于遗传密码，消除淀粉样蛋白延伸的突变通常无法通过单点突变获得。因此，淀粉样蛋白倾向的保存似乎深深地嵌入遗传密码中，很可能有利于保持天然蛋白质结构。因此，在不断增加聚集倾向的情况下，几乎不可能进化球状结构：似乎球状蛋白质结构依赖于聚集倾向，并且最强的聚集形成序列是球状核心中最保守的蛋白质结构。这些因素解释了为什么如此多的蛋白质会过饱和。

（四）球状结构的动力学划分以挽救 Anfinsen 假说

Anfinsen 著名的热力学假说指出，蛋白质会自发折叠，因为具有生物活性的天然态是图谱中能量最低的点。意识到许多蛋白质需要伴侣干预才能折叠，但是过饱和的亚蛋白质组的想法给 Anfinsen 假设带来了更大的问号。如果像我们所说的，大多数蛋白质确实容易聚集，并且在热力学上注定会形成聚集体，那么球状蛋白质折叠是如何确保的呢？在很大程度上，这是通过动力学划分实现的，其中蛋白质折叠的速率在相关浓度下超过了聚集的速率，并且天然状态由于展开速率缓慢而具有长的生命周期，因此即使蛋白质最终注定要聚集，它们也能够在生理相关时间尺度内采用并保持天然折叠。事实上，许多参与聚集病理的蛋白质寿命比平均寿命短，这表明它们受到快速周转的保护而免受聚集（即使它们在聚集之前就被降解了），但这取决于高效的蛋白质降解，而蛋白质降解在衰老过程中会下降。所谓动力学划分，就是通过蛋白质的内在特征和蛋白质的外在因素来实现，其天然状态因为功能所需被亚稳态捕获。

1. 通过聚合网守进行蛋白质内在动力学划分　蛋白聚集阻断器（goal keeper，GK）是带电的残基和直接位于 APR 侧面的 β 结构的特殊氨基酸序列区，其能够降低新生蛋白之间发生聚集的倾向性。再次，这巩固了折叠稳定性和聚集倾向之间的紧密联系，并表明了进化必须停止完全消除 APR，因为这需要引入带电残基或破坏蛋白质疏水核心的二级结构。相反，GK 出现在多肽疏水核心出现的第一个位置，通常在距离蛋白质表面一定深度的位置。结果是 GK 为天然状态的稳定性做出了巨大贡献，因为每个 GK 平均将天然折叠的热力学稳定性降低约 0.5kcal/mol。此外，GK 的守恒取决于它们侧链区域的聚集倾向。尽管对蛋白质稳定性有负面影响，但这种进化保守性通常见于功能重要的残基（如活性位点），这使我们提出 GK 本身就是残基的功能性类别。除了它们的热力学效应外，GK 还可以减慢天然蛋白质折叠动力学，因为完全去除电荷会增加蛋白质折叠速率。然而，GK 减慢了聚集反应的速度，比它们减慢天然折叠的速率要慢得多，这使它们成为动力学分区的典型事例，来规避由于聚集倾向和折叠稳定性之间的纠缠而产生的约束。

即使在带电荷的 GK 残基类别中，带正电和带负电的 GK 之间也存在着重要区别。Lys 和 Arg 上带正电的部分比其带负电的 Asp 和 Glu 更容易脱水，并且它们具有更长更疏水的侧链。结果是，带正电的 GK 更容易掺入球状蛋白中，但不幸的是，它与淀粉样蛋白结构更相容，因此聚集破坏能力较差。实际上，带正电荷的 GK 几乎不会破坏聚集状态，只会稍微减慢聚集过程。作为一种补偿机制，带正电的 GK 被分子伴侣特别识别和辅助，从而增强 GK 的动力学划分能力。因此，带正电的 GK 被称为"非自主"GK。另外，带负电的 GK 强烈破坏淀粉样蛋白结构并严重减缓其形成，因此被称为"自主"GK。然而，由于天然态和聚集态的稳定性之间的纠缠，带负电的 GK 与天然蛋白质结构的相容性较差，因此不能总被容纳。

2. 分子伴侣：蛋白质外部分隔者　分子伴侣是蛋白质平衡网络（PN）的一组主要的效应器。一些如脯氨酸－脯氨酰异构酶催化蛋白质折叠，另一些如 Hsp70 和伴侣蛋白家族成员则阻止聚集，分解聚集的种类或将末端错误折叠的蛋白质引向适当的降解途径。其他伴侣（如 Hsp90 家族成员），使用广泛的相互作用表面帮助维持天然状态完整性。尽管分子伴侣有多种不同的作用模式，但反复出现的主题是它们通过暴露的疏水区域识别并结合底物。暴露疏水性的同时会形成 APR，这是不完全折叠或错误折叠的标志，而且这些区域也有参与异常分子间相互作用的风险。伴侣蛋白可以屏蔽这些疏水区域，从而防止聚集。实际上，这种作用方式是动力学划分的一种形式，其中在天然折叠和聚集状态之间保持了较大的能垒。此外，伴侣和自己的"客户"相互作用导致排除体积，降低局部蛋白质浓度，有利于分子内相互作用而不是分子间相互作用。最后，伴侣部分展开"客户"蛋白，有可能解决动力学上捕获的错误折叠状态并加速折叠过程。

实际上，分子伴侣构成了最终的进化方式，在面对广泛的聚集倾向时，将现代蛋白质组保持在亚稳态。可以说伴侣是折叠催化剂，因为它们并不是最终折叠的一部分，因而不会影响蛋白质折叠热力学。通过与 APR 结合，我们认为伴侣蛋白不仅可以组织聚合（从而增加折叠产量），而且在某些情况下可能会通过破坏未折叠和部分错误折叠构象的基态稳定性来增加折叠速率。因此，通过结合 APR 和控制疏水表面，伴侣蛋白不仅是天然折叠和淀粉样聚集之间的最终动力学分隔者，而且通过平滑天然折叠区域，从而提高蛋白质折叠产量和产率。现代蛋白质组大部分依赖于它们的溶解度。

综上所述，几类伴侣蛋白在其侧面有正电荷的残基时，特别优先考虑疏水段。我们最近发现，由于这种结合偏好，伴侣蛋白可以识别由于把关不力而最有可能聚集的 APR。这表明 GK 与分子伴侣之间存在协同进化，甚至通过带正电荷的 GK 和分子伴侣的协同作用，使 APR 保护不足的蛋白质也达到适当的细胞浓度。

3. 共翻译折叠：时间分区　小蛋白质可在极短的时间（微秒级）内进行体外折叠。然而，在核糖体上将 mRNA 翻译成蛋白质是一个较慢的过程，因为原核翻译机制产生 15～20 个氨基酸 / 秒，真核核糖体工作速度更慢，平均 15 个氨基酸 / 秒。这种时间上的差异使得很可能在蛋白质完全翻译之前发生大量的蛋白质折叠，因此在物理上仍然附着在核糖体上，这对折叠图谱有着深远的影响。事实上，许多蛋白质确实可以共翻译折叠，并且翻译动力学为此进行了优化，有利于折叠。另外，易聚集的片段往往富含最优密码子，这可能表明必须快速翻译包含 APR 的区域，从而允许至少部分共翻译折叠，并在有机会发生聚集之前下降到天然折叠区域中。蛋白质相互作用位点在蛋白质的 N 端附近被耗尽。这允许蛋白质结构域在出现 APR 时直接沿着天然折叠漏斗前进，暂时将天然折叠与聚合态分开。由于相互作用位点通常需要在单体亚基中暴露 APR，协调相互作用蛋白的翻译，使亚基中 APR 暴露的时间最小化，这可能是动力学划分的另一种形式。

核糖体结合还有个额外的好处，即与大核糖体的物理连接在新生链周围产生了一个排除体积，有效建立了低局部浓度的暴露的聚集易发区域。事实上，最近研究表明，与任何可溶性蛋白的相互作用可以通过防止聚集间接提高折叠效率。

这些因素使翻译过程成为动力学分配的有效形式，通过允许共翻译折叠可以减少异常相互作用和错误折叠的机会，从而提高天然折叠反应的速率。同时，与核糖体的结合会产生排除体积，从而降低分子间相互作用的速率，进而减少聚集体的形成。

蛋白质平衡网络的功效随着年龄增长而下降。长期以来，这一直被认为是年龄困扰现代社会的许多神经退行性淀粉样变性疾病的主要危险因素。鉴于蛋白质组亚稳定性，逻辑上讲，降低蛋白质平衡会导致过饱和蛋白质的聚集，实际上，已知在蛋白质错误折叠疾病中沉淀的蛋白质比蛋白质组其余部分明显更过饱和，因此更依赖于动力学划分以保持可溶。此外，已经非常清楚的是，伴侣在保持错误折叠 - 疾病相关的蛋白质可溶及消除细胞中无意聚集的方面具有重要作用。

如前所述，许多与聚集相关疾病相关的蛋白质至少带有某种程度的内在紊乱。

尽管本质上无序的蛋白质结构域总体上具有较小的聚集倾向，但与天然折叠相关的高能区域充其量是相对较浅的。由于缺乏热力学稳定性，这些蛋白质的溶解度更依赖于外部因素（即伴侣和蛋白酶）的动力学划分。实际上，需要打破所谓的过饱和屏障以诱导折叠的蛋白质聚集，并且在特定的蛋白质类型（尤其是短肽和固有无序的肽）中更容易，这两种蛋白质都具有较浅的天然状态能量区域。这可以解释为什么许多内在无序的蛋白质通常被非中和电荷簇稳定。实际上，淀粉样蛋白都被高电荷簇稳定，其去除或中和会导致它们的聚集。这种电荷团簇可能构成了一种根本形式的内在动力学分区，在这种分区中，强烈的电荷排斥阻止了淀粉样蛋白的成核。

显然，由于某些蛋白质的固有特征和表达它们的特定组织，它们本质上有形成淀粉样蛋白沉积物的风险。这些蛋白质本身或确保其动力学划分的 PN 的遗传改变可能会加剧这种情况。一些与错误折叠疾病相关的家族突变甚至导致蛋白无法被PN 识别，有效消除了动力学分区导致聚集，就像 SOD1A4V 突变体一样。

错误折叠和聚集成淀粉样组装体的倾向是所有蛋白质的普遍特性。蛋白质聚集是不利的，会导致蛋白质功能失调和疾病。在这些条件下，维持蛋白质平衡需要广泛的蛋白质质量控制机制，代表高代谢成本。因此，蛋白质组的蛋白质聚集倾向保持在如此高的水平是值得注意的。

总之，蛋白质聚集在连续选择压力下，却不能降到低于蛋白质组中观察到的水平。虽然蛋白质聚集降低了蛋白质折叠的效率，但也有利于蛋白质的稳定性。更重要的是，我们认为在不增加蛋白质聚集倾向的情况下增加蛋白质的构象稳定性几乎是不可能的，相反，降低蛋白质聚集倾向通常会导致蛋白质不稳定。值得注意的是，我们发现通用遗传密码进一步增加了蛋白质稳定性和聚集之间的纠缠，蛋白质序列片段既对蛋白质稳定性有很大贡献，并且有高聚集倾向，同时也是非常保守的，就好像蛋白质依赖于这些淀粉样蛋白序列。

蛋白质稳定性与聚集之间耦合的整体结果是，热力学测定的 Anfinsen 假设是天然折叠区域的局部特性，而全局蛋白质折叠需要动力学控制机制，以确保天然蛋白质折叠优于聚集。这种机制的存在也解释了为什么大部分蛋白质实际上在生理条件下过饱和。

蛋白质折叠动力学控制由 GK 残基和伴侣蛋白通过两种相互依赖的方式实施。易于疏水聚集的蛋白质片段的两侧是带电的残基，这些残基起着聚集的守门人作用。这些残基通过静电排斥而不利于蛋白质聚集，有利于天然状态的动力学划分。短的带负电的残基擅长抑制聚集，允许蛋白质折叠而无须伴侣的帮助，然而由于侧链短，它们很难整合到天然蛋白质结构中。带正电的残基无法抑制聚集。伴侣进化为有利于与两侧有阳性残基的易聚集区域结合。

四、核糖体质量控制机制对蛋白质正确合成的影响

基因表达过程错误或破坏剂的作用都会产生各种形式的异常蛋白质，但是异常蛋白质并不都会丧失功能，甚至有些还会获得功能，如蛋白聚集或者显性负效应。因此，细胞其实已经在蛋白质合成过程中确保了蛋白质组的质量。一些质量控制机制可检测翻译的多个步骤，并通过泛素－蛋白酶体或自噬途径介导蛋白折叠、蛋白分割或蛋白水解来处理异常蛋白质。

在过去翻译过程中的核糖体停滞产生异常蛋白质这一观点备受关注。研究核糖体停滞的模型之一是构建缺乏终止密码子的 mRNA 报告基因。不间断 mRNA 的翻译不仅会导致在 mRNA poly（A）尾部出现核糖体停滞，还会造成 mRNA 衰减。随后又发现不间断 mRNA 编码的蛋白质也会被降解。虽然明确的蛋白水解机制尚未确定，但是很早之前就认为能通过胞质和内质网相关质量控制机制降解错误折叠和其他形式异常蛋白质，因此我们假设不间断蛋白质同样经历这个过程。随着该降解途径的 E₃ 泛素连接酶 LTN1/Listerin 的识别，假设发生了转变。酵母中的 LTN1 被当作研究小鼠同源基因突变引起的神经退行性病变分子机制的一种方法。这项工作揭示了 LTN1 的重要作用，即在核糖体停滞泛素化和降解过程中产生不间断蛋白质。此外，LTN1 与核糖体大亚基有关，它的缺失导致核糖体停滞产物积聚在核糖体上。这些发现将 E3 连接酶及其底物与核糖体联系起来，定义了核糖体相关质量控制（ribosome-associated quality-control，RQC）的翻译质量控制途径，并为了解其分子机制提供了思路。之后又有研究发现 RQC 也存在于原核生物中，然而原核生物中没有泛素系统，因此另一种蛋白水解标记机制被利用起来。

本部分内容将阐述生物体遗传演化过程中的 RQC 机制，并且重点介绍原核生物及哺乳动物细胞启动 RQC 的分子机制。目前，学术界普遍认为 RQC 始于核糖体亚基分裂之后，标志是异常新生链的蛋白水解标记降解，而这与核糖体大亚基相关。在真核生物研究中，术语"RQC"有时用于指已经发生在停滞的 80S 核糖体

亚基上的过程，如 E3 连接酶 Hel2/ZNF598 对核糖体蛋白的泛素化。然而，核糖体停滞不是 RQC 上游的唯一机制，而且核糖体停滞在细菌和真核生物中都能引起除 RQC 以外的多种反应。

（一）核糖体在 mRNA 上的移动停滞

阻塞核糖体大亚基的主要来源是翻译停滞，在大肠杆菌中，核糖体停滞发生在 0.4% 的翻译中并可由多种因素触发。例如，mRNA 上存在劣势密码子，mRNA 或 rRNA 受损，不间断 mRNA 中终止密码子缺失，抑制延伸的肽序列合成或抑制翻译延伸的抗生素作用。在哺乳动物细胞中，对含有候选核糖体停滞信号的报告基因研究表明，与酵母一样，poly（A）翻译可作为一种有效的停滞信号。poly（A）尾部翻译的主要原因是前体 mRNA 过早切割和多聚腺苷酸化所导致的不间断的 mRNA 产生，这是基因表达过程中普遍存在的错误，在人类肝转录组中至少 1%，在酵母 CBP1 中约 50% 的时间会出现这种情况。在 poly（A）翻译期间核糖体停滞是由于赖氨酸的 AAA 密码子，并且多肽与核糖体出口通道产生静电作用导致翻译减慢。此外，冷冻电镜（cryo-EM）分析表明，随着翻译的减慢，poly（A）mRNA 采用 rRNA 稳定的非典型构象，这导致解码中心的重新构建，从空间上阻碍招募氨酰 –tRNA，进一步导致翻译停滞。除了产生异常新生链外，如果停滞的核糖体没有被循环利用（核糖体挽救），核糖体停滞会迅速耗尽核糖体亚基细胞。因此，从细菌到人类，已经进化出专门的机制来感知停滞的核糖体，并触发挽救和其他伴有损伤的反应。

（二）mRNA 上重要的停滞位点：3′ 端和 mRNA 内部停滞区

核糖体在 mRNA 的 3′ 端发生停滞，例如，当内切酶在编码序列中切割 mRNA 时产生的核糖体被 Pelota-HBS1L 复合物识别（酵母中是 Dom34-Hbs1）。哺乳动物有额外的 Pelota-HBS1L 同源物 GTPBP2 与小鼠中由 tRNA 突变引起的核糖体停滞反应有关。冷冻电镜分析显示，Dom34-Hbs1 感知到核糖体中一个未占用的 mRNA 入口通道，作为 mRNA3′ 端停滞的代表，GTP 酶 Hbs1 与核糖体在 mRNA 通道入口附近结合，而 Dom34 结合到一个核糖体空 A 位点上，并将一个 β 环插入未占用的 mRNA 入口通道中。Dom34/Pelota 接下来招募 AAA ATP 酶 Rli1/ABCE1 分开核糖体亚基。Pelota 和 HBS1L 分别是翻译终止因子 eRF1 和 eRF3 的旁系同源基因。然而，与 eRF1 不同的是，Pelota 不需要终止密码子来与核糖体结合，并且缺乏肽基–tRNA 水解酶活性。由于未裂解的肽基–tRNA 不能被动地从核糖体出口通道的任何一端滑出，在 Pelota、HBS1L 和 ABCE1 的共同作用下，停滞核糖体分裂产生了仍被阻塞的 60S 亚基。虽然大亚基在这个过程中没有立即回收，但新生链与解离 60S 亚基的持续结合也是有利的，因为它使新生链在释放之前通过 RQC 的作用被标记降解。RQC 的底物是游离的核糖体大亚基，被一个新生链–tRNA 偶联物阻塞，分别被核糖体和 tRNA 结合蛋白 NEMF 及其在酵母和细菌中的同源物 Rqc2 和 RqcH 识别。

在 mRNA 内部停滞的核糖体形成复合物，与 mRNA3′ 端停滞的核糖体有不同的结构特征。尤其是 mRNA 占据的 A 位点和 mRNA 入口通道，使这些核糖体更不容易碰到 Pelota-HBS1l。相反，mRNA 内部停滞的核糖体通过与尾部延伸的核糖体碰撞而被感知。在 RQC 上游，碰撞的两个核糖体被 E3 连接酶 ZNF598 识别（酵母中的 Hel2）。ZNF598 以泛素化依赖的方式招募下游效应分子（图 6–1A）。效应分子之一 ASCC3 解旋酶（酵母中的 Slh1），可利用 ATP 分离核糖体亚基。由于这个过程无肽基–tRNA 水解酶活性，因此与 3′ 端停滞一样产生了阻塞的大亚基。

核糖体内部停滞与 mRNA 的 3′ 端停滞的挽救途径有交叉。在酵母和蠕虫中，Hel2 介导泛素化的另一个效应器是 mRNA 内切酶 Cue2（蠕虫中 NONU-1 和哺乳动物中的 N4BP2）。Cue2 被特异性招募到泛素化的碰撞核糖体中，通过泛素结合 CUE 结构域，在停滞的核糖体和尾部延伸的核糖体之间切割 mRNA，进而连接了两条挽救途径。除了促进外切酶介导的 mRNA 降解，Cue2 介导的 mRNA 切割导致尾部延伸核糖体在新生成的 3′ 端停滞，产生标准底物供 Dom34-Hbs1 途径挽救（图 6–1B）。相反，即使 mRNA3′ 端停滞的核糖体没有被 Pelota/Dom34 挽救，最终也会碰撞并被 ZNF598/Hel2 通路靶向，而后者在细菌上有了最新的发现。

（三）细菌中的核糖体停滞

SsrA/tmRNA 是一种混合型 tRNA-mRNA 分子。SsrA 存在于所有的真细菌中，通过反式翻译，挽救停滞的核糖体，同时靶向由于蛋白质水解停滞产生的新生链。SsrA tRNA 样结构域与 SmpB 辅因子一起在结构上模拟 tRNAAla。带电的 SsrA-SmpB 复合物通过 EF-Tu 传递到停在 mRNA3′ 端核糖体的空 A 位点。此外，SmpB 的 C 端和 SsrA 茎环一起感知未被占用的 mRNA 入口通道。与标准翻译一样，新生链被转移到 SsrA 肽基转移酶中心（PTC）的丙氨酸残基上，并在 SsrA mRNA 样结

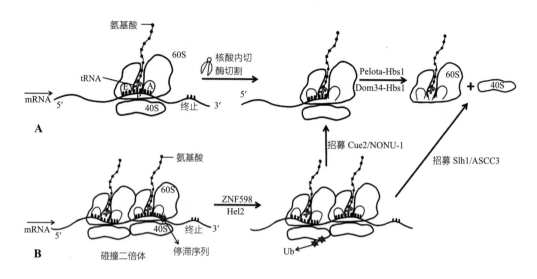

▲ 图 6-1　核糖体停滞及其挽救途径

构域的 ORF 上恢复翻译。ORF 后面是一个终止密码子，它能终止标准翻译和核糖体循环，同时也可以编码一个肽（SsrA 标签），与新生链 C 端和降解信号融合。

在发现 SsrA 功能后的二十几年，它仍然是唯一已知负责靶向核糖体停滞产物进行降解的细菌系统。随着介导枯草芽孢杆菌中的原始 RQC 途径 NEMF 同源序列 RqcH 的发现，才拓宽了我们的理解。在所有种类细菌序列中，约 30% 存在 RqcH，包括大多数厚壁菌门。但在大多数拟杆菌门和放线菌门及变形菌门（如大肠杆菌）中已经丧失。发现 RqcH 在枯草芽孢杆菌 RQC 中起核心作用前，它的细菌同源物已被认定为几种病原体的毒力因子（如肺炎链球菌 PavA）。研究认为，RqcH 同源物位于细菌表面，并通过与哺乳动物细胞表面的纤连蛋白结合来介导入侵。RqcH 可以在体外与纤连蛋白结合，但其胞外定位的证据有争议，因为 RqcH 同源物没有典型分泌信号或已知的胞外锚定基序。因此，RqcH 缺失是否直接影响细菌黏附，或者 RQC 缺陷是否可以解释 RqcH 缺失细菌的表型，仍有待验证。

细菌 RQC 途径的发现提出了 RQC 底物来源问题。在细菌中，SsrA 优先靶向位于不间断 mRNA3′ 端的核糖体。虽然 RqcH 能够在缺乏 SsrA 的细胞中靶向由不间断 mRNA 产生的蛋白质，但目前还不清楚细菌细胞如何分开这些 3′ 端停滞的核糖体，来产生用于 RqcH 结合的阻塞 50S 亚基。我们也还不清楚 RqcH 是否对于 SsrA 通常作为一种故障安全路径。最近的研究阐明了这些问题，而答案在于核糖体碰撞。

（四）核糖体碰撞的源头

真核生物 SMR（small MutS-related）结构域的 RNA 内切酶 Cue2 和 NONU-1 特异性作用于 RQC 上游停滞的核糖体。基于这个认识，最近研究将 MutS2（枯草芽孢杆菌中唯一含有 SMR 结构域的蛋白质）作为细菌中 RqcH 上游功能的候选蛋白。MutS2 是 MutS 家族 DNA 修复蛋白的旁系同源物，它与 MutS 家族共享一个 ATP 酶 / 夹具域，但 MutS2 缺乏 MutS 家族的典型 DNA 结合结构域，而且没有证据支持其在 DNA 修复或 DNA 相关过程中发挥直接作用。另外，正如 MutS2 在翻译质量控制中发挥直接作用这一假设所预测的那样，MutS2 缺乏的细胞（现已更名为 RqcU）对翻译延伸抑制剂的敏感性增加，而且在免疫共沉淀和蔗糖梯度离心实验中，RqcU 与核糖体结合。此外，冷冻电镜分析内源性核糖体复合物与 RqcU 共纯化揭示了 RqcU 同源二聚体选择性地结合到碰撞的二个核糖体上，证明其可作为核糖体停滞和碰撞的传感器。

至于参与 DNA 修复的 MutS 旁系同源物，RqcU ATP 酶 / 夹具域的形状像镊子，通过靠近核糖体亚基间平面的中心突起固定在停滞核糖体上。在 MutS 蛋白中，ATP 结合诱导构象变化，产生动力来驱动相关结构域或大分子的结构变化。同样，可以识别出两种 RqcU 构象态，它们与 ATP 驱动的一种单体的重排和另一种是相当的。这些观察产生了一种假设：感知核糖体碰撞后，RqcU 以 ATP 酶依赖的方式分离停滞核糖体的亚基，既用于核糖体循环，也用于触发 RQC。RqcU 缺陷始终导致 RQC 缺陷，而这种缺陷不能通过 RqcU ATP 酶结构域突变体来挽救。进一步连接 RqcU 和 RqcH，虽然在约 10 000 个细菌基因组序列中仅有 30%，但它们仍强烈共存。在这两个基因都缺失的大肠杆菌中，编码了 2 个含有小 SMR 结构域的蛋白质 SmrA 和 SmrB，它们都与 ATP 酶结构域无关。与枯草芽孢杆菌 RqcU 一样，我们发现大肠杆菌 SmrB 与通过生化重构产生的核糖体碰撞有关。冷冻电镜分析表明，SmrB 识别由核糖体和连接的 mRNA 片段形成的复合界面。SmrB 的 mRNA 内切酶活性最终导致 mRNA 的衰变和 3' 端核糖体停滞，产生 SsrA 的底物。虽然 RqcU SMR 结构域的 RNA 内切酶活性还未被证实，但 RqcU 也可能切割 mRNA 并生成 SsrA 底物，同时通过 ATP 酶结构域生成 RQC 底物。

因此，真核生物和细菌细胞中的核糖体碰撞遵循着一个非常相似的逻辑，都是通过作用 RNA 内切酶和 ATP 依赖的核糖体分裂因子。它们之间关键的区别是真核生物分离了传感器和效应器活动，包括泛素作为适配器可能允许更大程度的调控。

（五）核糖体停滞和碰撞反应的守恒

细菌像真核生物一样依赖核糖体碰撞来感知和响应翻译停滞，并指出碰撞的核糖体是贯穿生命王国的压力感知保守机制。古生菌是否也如此还有待证明，因为在这些生物体中，感知和挽救核糖体停滞并不典型。此外，由于在古生菌中含有 SMR 结构域的蛋白质大多缺失，因此在这些生物体中也缺失直接处理核糖体碰撞机制模型。古生菌编码 Pelota 和 ABCE1 同源物，这些同源物在不同物种中与 RqcH 同源物（aRqcH）位于同一染色体上，但仍不清楚在 mRNA3′ 端上停滞的核糖体是如何产生的。

显然，RQC 是核糖体停滞和碰撞产物蛋白水解标记的一种极度保守机制。RqcH 同源物的系统发育分析表明，早期 RQC 途径存在于最后一个共同祖先（LUCA）中，它产生了细菌、古生菌和真核生物，而一些细菌类群在分化期间丢失了 RqcH。我们推测 LUCA 及其祖先细胞中已经进化了额外 30 亿年的原始核糖体所引起翻译失败可能比现代核糖体更为频繁。在这种情况下，原始核糖体实际上像 "有毒机器"，导致异常蛋白质产生水平增加，可能在生命起源早期为机制的发展创造了很大的选择压力，可以处理蛋白质毒性应激，同时使核糖体进一步进化。除了触发 RQC 外，碰撞的两个核糖体还出现在其他损伤控制反应的主要信号中枢中。在真核生物中，包括 mRNA 衰变的刺激，应激信号的激活（核毒素应激、炎症和综合应激反应），预防停滞相关 mRNA 上的新起始，以及防止碰撞核糖体的移码。有证据表明，至少其中一些反应是保守的。反应信号因子 Rel 被确定为与 RqcU 和 bL9 免疫共沉淀的主要成分，bL9 是枯草芽孢杆菌中两个碰撞核糖体的标记物，bL9 本身与抑制核糖体碰撞导致的移码有关。

（六）翻译终止

除了核糖体停滞外，阻塞的大亚基也会由于翻译终止而产生。翻译终止在机制上与核糖体停滞不同，因为它不涉及核糖体亚基分裂的挽救因子的作用。翻译终止的典型例子是随着热休克能量输入，核糖体亚基快速分离。这一过程与热休克对核糖体停滞的影响不同，热休克对核糖体停滞的影响是由于涉及共翻译蛋白折叠和翻译延伸的分子伴侣容量过大。翻译终止的另一个原因是核糖体的结构不稳定，例如，细胞内 Mg^{2+} 浓度较低或核糖体蛋白 bL31 的丢失（图 6-2）。

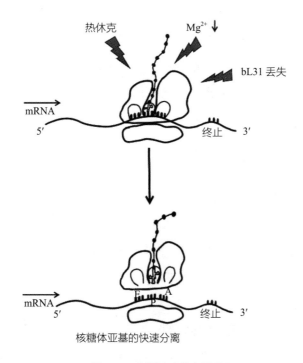

▲ 图 6-2　翻译终止的主要原因

　　翻译终止还未被确定是 RQC 底物的一个来源。尽管如此，也有必要简要阐明一个新发现，即在大肠杆菌中由热休克产生的阻塞 50S 亚基是由热休克蛋白 Hsp15 感知的。Hsp15 使新生链连接的 tRNA 保持典型的 P 位点构象。需要进一步验证的模型是 Hsp15 结合，从而使释放因子在 P 位点 tRNA 上起作用。值得注意的是，尽管大肠杆菌没有 RQC 途径，但枯草芽孢杆菌 RqcP（Hsp15 同源物）作为 RQC 的一个不可或缺的组成部分通过与 P 位点 tRNA 结合，促进 RqcH 介导的 C 端尾移位。因此，这些结果与热休克可能在具有 RqcH 的细菌中引起 RQC 的可能性相一致。

（七）NEMF 同源序列引发 RQC

　　RQC 的第一步是感知阻塞的大亚基。酵母 Rqc2 结合到 60S 亚基的亚基间表面，之后以与 40S 亚基相互排斥的方式特异性地靶向游离 60S 粒子，同时避开正常延伸的核糖体。Rqc2 也与阻碍的 P 位点 tRNA 结合，从而稳定复合物。因此，Rqc2 同时与游离 60S 亚基和 P 位点 tRNA 的结合提示了 60S 亚基受阻。Rqc2 的结合模式突出 RQC 的另一个重要特征是它与相关新生链的性质无关。这使得 RQC 能够广泛地靶向核糖体停滞或翻译终止所产生的新生链。从细菌到哺乳动物，RQC 作为蛋白质质量控制机制的这些关键原理都是保守的。

一旦与大亚基结合，真核 NEMF 同源物通过稳定 LTN1 E3 连接酶与核糖体复合物的结合来促进蛋白水解标记。此外，在进化过程中，NEMF 同源物通过用 C 端肽修饰它们来促进新生链蛋白水解，而这在研究的不同生物体中也已经描述了不同的功能。

（八）C 端尾合成机制

NEMF 同源物通过在缺乏 mRNA、小亚基和典型翻译延伸因子的情况下，延长阻碍核糖体大亚基的新生链来合成 C 端尾。这是一种很强的能力，与核糖体小亚基相比，NEMF 同源物小且结构简单。例如，RqcH（在大肠杆菌中为 65kDa）由 NFACT-N、螺旋线圈、NFACT-M 和 NFACT-R 结构域组成基本核心，其中 NFACT 代表"在 NEMF，FbpA，Caliban 和 Tae2 中发现的结构域"（FbpA 和 Tae2 目前分别叫作 RqcH 和 Rqc2）。古细菌和真核生物中存在功能未知的额外 NFACT-C 结构域。C 端尾的特征是 NEMF 同源物介导的氨酰 –tRNA 不断募集到大亚基 A 位点、肽基转移且 tRNA 移位到 P 位点。细菌 RqcH 的结构和生化研究提供了"丙氨酸尾"潜在的详细反应步骤信息。RqcH 起初结合 P 位点 tRNA 是非选择性的，由 NFACT-N 结构域和 P 位点 tRNA 的反密码子之间非特异性静电相互作用介导，可能发生在 tRNA 被辅因子 RqcP 稳定在 P 位点构象之后。下一步进行 RNA 测序，RqcH 选择性地招募 tRNA$^{Ala(UGC)}$ 来合成 C 端尾。tRNA$^{Ala(UGC)}$ 招募是通过 NFACT-N 结构域介导的 tRNA 反密码子阅读实现的，其中氢键模式模拟了 mRNA 密码子和 tRNA 反密码子在标准翻译延伸中的碱基配对。在这个"解码步骤"中，tRNA^{Ala} 反密码子核苷酸在 NFACT-N 结构域中，而 tRNA 主体的大部分由 RqcH 的基本元件协调，并将 tRNA^{Ala} 牢牢定位在复合物的 A 位点上。RqcH 在与阻塞的核糖体大亚基结合之前，也可以通过和上面相同的原理与 tRNA$^{Ala(UGC)}$ 结合。

NFACT-N 结构域的 RqcH 残基 Asp97 和 Arg98 在建立 tRNA 反密码子核苷酸 G35 和 NFACT-N 结构域之间的氢键模式中起着至关重要的作用，因此对 tRNA^{Ala} 的选择是很重要的。这一发现解释了 NEMF 同源物之间相同残基是守恒的，同时也反向证明在进化过程中选择哪些 tRNA 用于 C 端尾是有一定限制的。因此，与人 NEMF 的体内 RNA 交联研究表明，相较于其他的 tRNA，tRNA^{Ala} 强烈富集，尽管核糖体停滞报告基因的质谱分析已经表明了替代氨基酸，如 Thr、Tyr 和 Gly 也可以是人类 Ala 尾的次要成分。在酿酒酵母中，Rqc2 可以招募 tRNA^{Ala} 和 tRNA^{Thr} 来生成原始 C 端 Ala 尾和 Thr 尾（"CAT 尾"），从结构角度来看，可以通过保守 Asp98 和 Arg99 残基维持这些 tRNA 中 G35 的选择性阅读来实现，同时也改变了 tRNA 反密码子核苷酸 N36 的结合袋，使得嘧啶（tRNA^{Ala} 中的 C36，tRNA^{Thr} 中的 U36）可以插入，而嘌呤被排斥。虽然还需要研究更多实例，但进化分布表明聚丙氨酸是 C 端尾的原始形式，因此苏氨酸可能在酵母进化过程中作为主要的尾部成分被二次合并。最后，果蝇 Caliban 与 tRNA^{Ala}、tRNA^{Thr} 和 tRNA^{Ser} 交联，但质谱分析表明可能合成更多退化的尾，包括 Cys、Glu 和 Tyr 残基。需要注意的是，在果蝇中鉴定出的尾成分与通过随机加入氨基酸的非模板合成过程不一致。例如，一条 36 个残基的长尾只有 Ala 和 Thr 残基，另一条 25 个残基的长尾有 14 个 Ala 残基和 8 个 Ser 残基，而没有 Thr 残基。这些结果引起了人们对低丰度、各种形状肽质谱分析相关的关注。

在解码之后，RqcH 构象发生变化驱动 A 位点 tRNA 形成 A/P 位点混合构象，并与肽基一起转移。这模拟了典型延伸中核糖体亚基向前的"棘轮效应"，但仍需研究它是如何被触发的。最后，驱动 A/P 混合 tRNA 形成 P 位点构象，如在标准翻译期间的核糖体的反向棘轮效应，这需要 Hsp15/RqcP 辅因子与 50S 亚基结合，与 NFACT-N 结构域一起形成一个高碱的复合槽，来适应和稳定肽基–tRNA 的经典 P 位点构象。在整个 Ala 尾反应过程中，RqcH 是否与核糖体大亚基保持稳定联系，或者它是否在每个反应周期中解离并重新结合仍有待研究。任何情况下，RqcH 的结合与典型延伸因子 EF-G 和 EF-Tu 的结合是相互排斥的，这与在酵母和细菌中的生化研究结果一致，表明 C 端尾不需要翻译 GTP 酶。因此，用于 tRNA 供能的 ATP 似乎驱动了反应。

细菌和真核生物的 RQC 复合物总体上有显著相似性，并且在招募 tRNA 的过程中涉及的关键 RqcH 残基的守恒表明，尾部机制的关键方面是守恒的，特别是只在细菌中发现了 Hsp15/RqcP 同源物。虽然其他因子（或 NFACT-C 结构域）在古生菌和真核生物中发挥 Hsp15/RqcP 的作用，但可想而知在这些生物中特定的反应要求是不同的。

（九）C 端尾的功能

在细菌中，Ala 尾作为 C 端降解子一旦从 50S 亚基中释放出来，便驱动已修饰新生链降解。值得注意的是，SsrA 标签也是 C 端降解子且类似于 Ala 尾，末端是大多数细菌中的 ALAA。与这种相似性一致的是，SsrA 标签和 Ala 尾都直接被 ClpXP 蛋白酶识别。近期，SsrA 标记的底物与 ClpXP 复合物的冷冻电镜结构明确了降解子识别的基础，并说明了 ALAA 基序在与 ClpX 适配器结合中的重要作用。

真核生物中，C 端尾功能多种多样且随着泛素系统的出现与 E3 连接酶共同参与信号蛋白水解。典型的例子是 LTN1，即一种在真核生物中发现的古老 E3 连接酶。真核 NEMF 同源物已经进化出一种独立于 C 端尾的蛋白水解功能，但仍然会受到 C 端尾的刺激。这一功能是受 NEMF 扩展的 M 域介导的，能直接与 LTN1 结合以稳定其与阻塞 60S 亚基的联系。在典型的 RQC 途径中，LTN1 可使新生链泛素化，但仍与 60S 亚基相关。然而，LTN1 面临着蛋白质质量控制 E3 酶本身的挑战，即如何成功泛素化大量异质底物。各种各样的新生链可以阻碍 60S 亚基，Lys 残基（作为泛素受体）有时可能无法适当地暴露给 LTN1 进行泛素化。在这种情况下，C 端新生链延伸被证明是有很大帮助的，因为它暴露掩藏在核糖体出口通道中的随机新生链 Lys 残基。此外，对于在不间断 mRNA poly（A）尾的核糖体停滞，如果 C 端尾可以延长到把它们暴露出来，停滞序列编码的 Lys 残基也可能发挥泛素受体的作用。哺乳动物细胞中核糖体停滞报告基因的分析有了令人惊讶的发现，NEMF 在缺乏 LTN1 的情况下也能促进报告基因降解，而这一过程需要 NEMF 的 Ala 尾活性。研究也发现 LTN1 不能发挥作用，60S 亚基新生链的释放会暴露 Ala 尾修饰，然后被 Pirh2 或 CRL2^{KLHDC10} E3 连接酶当作降解子识别。与此相关的是，CRL2^{KLHDC10} 之前被认为是一种 E3 连接酶，它在 C 端规定路径靶向 C 端降解子。这些发现揭示了哺乳动物 RQC 和 C 端通过 Ala 尾的蛋白水解途径 RQC-C 通路及 Ala 尾的深层保守进化作为蛋白水解信号。RQC-L 和 RQC-C 在不同细胞类型、应激条件下及对不同类型 RQC 底物的贡献仍有待研究。

有研究表明，Rqc2 在酵母中产生的 CAT 尾也可能介导不依赖 LTN1 的蛋白水解。然而，只有一小部分的 Ala 和 Thr 联合似乎在尾部序列中具有这些功能，这表明 CAT 尾在序列和长度上都是异质性的，很可能是效率低的降解子。一种 E3 连接酶 Hul5 被证明是酵母中某些 CAT 尾降解所必需的酶。Hul5 与蛋白酶体相联系，通常与错误折叠蛋白的降解有关。因此可想而知，不稳定的 CAT 尾可能直接在蛋白酶体水平上起作用。为了证实这个发现，有人提出了一个模型，其中 CAT 尾（设想哺乳动物 Ala 尾也是如此）可能会启动蛋白酶体上的蛋白质展开，从而促进某些 C 端

序列的降解。所以酵母 CAT 尾的 Thr 残基的功能是什么呢？值得注意的是，LTN1
更倾向于泛素化 Lys 残基，而不像其他一些 E3 连接酶那样泛素化 Thr 残基。相反，
Thr 似乎与 Ala 协同作用，进而增加了 C 端尾的淀粉样蛋白聚集，因此提出了 CAT
尾可能在促进蛋白质聚集以隔离和（或）通过聚集作用来消除异常蛋白作为一种故
障安全路径方面的可能性。此外，CAT 尾聚集物是由 Hsf1 激活的应激信号反应。
虽然有潜在的益处，但 CAT 尾过度聚集可能是有毒的，特别是通过隔离线粒体分子
伴侣和翻译机制的成分，进而导致线粒体毒性。哺乳动物中的 Ala 尾也会促进新生
链聚集，如果 RQC 底物的表达水平足够高可以使 RQC-C 饱和。用 Ala 尾编码报告
基因的实验表明，由 15 个连续的 Ala 残基组成的尾容易以与 CAT 尾相似的方式聚
集，而 LTN1 的失败可导致 Ala 尾介导的聚集物的积累。这些聚集物被证明会引起
细胞毒性、caspase-3 依赖的细胞凋亡和神经元形态受损。这些对酵母和哺乳动物 C
端尾的发现可能为 LTN1 突变小鼠的神经退行性病变提供了基础。

（十）LTN1 对核糖体上新生链的泛素化

LTN1 为专门的蛋白质质量控制酶的功能提供了一个典型的例子。LTN1 广泛对
抗不同的蛋白质质量控制底物，尽管有选择性地保留与正常延伸的核糖体相关的过
量新生链。这个作用有两个关键机制。一方面，LTN1 通过直接与 60S 亚基结合介
导其广泛作用，并利用其作为适配器，因此其功能不考虑新生链底物的特征。另一
方面，LTN1 与 60S 的结合与 40S 亚基相互排斥，因此 LTN1 不能与 80S 亚基结合。
LTN1 与 60S 亚基的结合较弱，不能直接感知 60S 阻塞。NEMF 及其同源物通过
NEMF 的 M 结构域和 LTN1 保守的 N 端结构域之间的直接相互作用，刺激 LTN1–
60S 结合来补偿这些限制。NEMF 同源物还通过阻止游离的 40S 亚基与阻塞的 60S
亚基的重新结合来间接刺激 LTN1–60S 的结合。NEMF 抗关联功能的重要性在酵母
RQC 中有很好的说明。据估计，酵母细胞约有 3000 个游离的 60S 亚基，很大数量
的游离 40S 亚基和 8000 个 Rqc2 分子，但只有 200 个 LTN1 分子。因此，与 LTN1
相比，Rqc2 可以与 40S 亚基竞争，更有效地推动 RQC 向前发展。然而，这种效应
对哺乳动物细胞来说可能并不显著，因为在 HEK293T 细胞中 NEMF 分子的数量约
为 10^5 拷贝 / 细胞，只有 Listerin 的 2 倍。最后，LTN1 与 60S 亚基结合，E3 连接酶
催化的 RING 结构域位于新生链出口通道邻近开口处，并且在通道外似乎有一个约
12 个氨基酸的狭窄窗口，用于靶向 Lys 残基进行泛素化。综上所述，即使 Lys 残基

在这个窗口内没有作用，NEMF 同源物也可以通过 C 端尾推动出口通道掩藏的 Lys 残基来协助 LTN1。

新生链降解需要酵母 RQC 复合物中含 60S 亚基、LTN1、Rqc2 和 Cdc48 及辅因子等额外成分。Rqc1 与 60S 亚基结合不依赖 LTN1 和 Rqc2，并在从 60S 提取新生链前或过程中的一些步骤中发挥作用，但不影响 RQC 底物的整体泛素化。之后的生化分析表明，人类 Rqc1 同源物 TCF25 确保 LTN1 优先形成泛素化的 Lys48 残基这样一个未知机制连接的多泛素链。在 TCF25 缺失的情况下，形成了所有连接类型的泛素链。因此，在真核生物中，TCF25 引导泛素 lys48 链的合成，反过来招募 AAA ATP 酶 VCP（酵母中的 Cdc48）提取新生链，并将其传递到蛋白酶体进行降解。

（十一）新生链释放

C 端尾的长度似乎在不同的生物体中有所不同，这可能与它们各自的功能有关。例如，在已经检测过的报告蛋白中，哺乳动物和酵母的蛋白印迹显示未修饰报告条带上方的尾部依赖条带或涂片很明显，但在枯草芽孢杆菌裂解液中没有。与枯草芽孢杆菌 Ala 尾较短这个可能性相一致，在 GFP 的 C 端仅编码 6 个 Ala 就足够靶向报告基因进行蛋白水解。但是如何确定 C 端尾部长度还需进一步探究。我们认为尾部合成的终止是由 P 位点 tRNA 释放新生链所介导的。然而，一个由释放因子结合动力学指定的完全随机过程很难解释酵母和哺乳动物中尾部修饰的新生链有时显示为一个分离的长带。因此出现了一个问题，即一旦 C 端尾达到一定长度，是否存在减慢或停止反应的机制，如通过尾部与核糖体出口通道的相互作用。相反，我们还不清楚新生链是如何避免过早释放的，这有可能在足够长的尾部被有效合成之前，或者在新生链被 LTN1 泛素化之前。C 端尾本身并不是新生链的释放所必需的，在缺乏 NEMF 及其同源物的细胞中也可以观察到这个现象。在真核生物 RQC 中，P 位点 tRNA 新生链释放是最好的解释。一种机制是 ANKZF1 内切酶（酵母中的 Vms1）切割 tRNA，它释放出仍然与 3′ 端 CCA 核苷酸相连的多肽，这是所有 tRNA 所通用的。从 tRNA 的角度来看，这产生的片段要么经历 tRNA 质量控制步骤，要么导致修复使其可以再次氨基酰化或降解。生化研究表明，新生链被 LTN1 泛素化后，人类 ANKZF1 优先发生切割（图 6-3A）。在 LTN1 缺失的情况下，新生链的释放是由 Ptrh1 介导的（Ptrh1 是细菌肽基 -tRNA- 水解酶 Pth 的同源物，在真核生物中发现，但在古细菌中不存在）。作为一个典型的释放因子，它与 ANKZF1 不同，Ptrh1 通过

水解肽基 –tRNA 酯键起作用（图 6–3B）。

综上所述，从阻塞的 60S 亚基中释放新生链的选择机制可能产生不同的功能，并且似乎解决了 RQC-L 和 RQC-C 通路的特殊要求，尽管这一假设还未经实验验证。一方面，通过 ANKZF1 介导的释放，与 Ala 尾 C 端相连的三个 tRNA 核苷酸会阻止 Pirh2 和 CRL2^{KLHDC10} 的结合。这与优先发生在已经被 LTN1 泛素化的新生链释放机制一致。另一方面，在没有 LTN1 的情况下，Ptrh1 释放的无核苷酸的新生链有能力参与 RQC-C。可以想象，Cdc48/VCP 可能通过对泛素化新生链的拉动作用来协调这种反应，使 P 位点上新生链结合 tRNA 产生独特的构象，这可能使肽基 –tRNA 酯链不易被 Ptrh1 捕获，或者仅有利于 ANKZF1 的结合（图 6–3）。另外，RQC 复合物本身可能会阻断 Ptrh1 的结合并招募 ANKZF1。在细菌 RQC 中，新生链的释放机制尚未阐明。释放因素已经确定是作用于核糖体停滞的因子，如大肠杆菌 ArfA 和枯草芽孢杆菌蛋白 BrfA，但这些似乎有选择性地作用在 70S 核糖体，而不是分离 50S 亚基，因为它们的结合需要接触 mRNA 入口通道。基于 RQC 从细菌到真核生物的高度保守性，细菌 RQC 的一个明显的候选释放因子是 Pth。

总之，过去几年已对 RQC 机制有了一定的了解，这要归功于使用从细菌到人类的模型系统进行的交叉研究。然而，正如我们在文章中所指出的，RQC 的几个方面仍然没有完全理解。在未来，该领域还需要更强烈地推动对 RQC 在生物学和疾病中的功能理解，尤其是考虑到它与从细菌毒性到神经退行性疾病等病理机制的相关性。从细菌到人类的 RQC 和 Ala 降解子机制是保守的，哺乳动物中多个 E3 连接

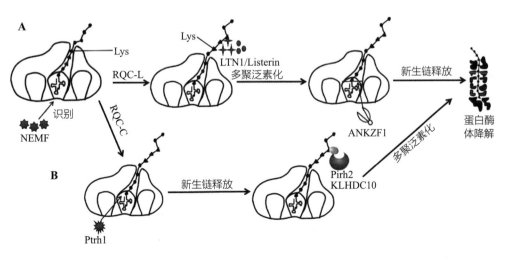

▲ 图 6–3　新生链的释放和降解

酶的参与及细菌中蛋白质水解标记的冗余 SsrA 机制的存在都表明，核糖体停滞产生的异常新生多肽必须被消除才能使所有细胞正常工作。核糖体停滞产物的积累引起毒性增加的一个例子是与真核生物中过早多聚腺苷酸化产生的不间断 mRNA 翻译有关。poly（A）尾部编码的 poly– 赖氨酸束可以作为核定位信号，并参与核运输机制，在核仁中累积并破坏核仁稳态。此外，RQC 还参与翻译缺陷产生的核糖体大亚基循环的最后一步。阻塞的大亚基中新生链释放失败，除了对蛋白质合成能力产生不利影响外，可能还会干扰蛋白质进入细胞器，因为核糖体停滞也可能与内质网或线粒体转体有关。对于其他地方提到的 RQC 缺陷导致的一些后果，我们发现 RQC 缺陷对细胞适应度产生负面影响这也不奇怪。例如，虽然 LTN1 对于在营养丰富培养基中培养的 HeLa、HEK293 或人诱导多能干细胞的生存能力不是必需的，但敲除小鼠 LTN1 或删除其 RING 结构域会导致早期胚胎致死表型。此外，LTN1 中随机诱导的形态突变导致小鼠肌萎缩性侧索硬化症样疾病。这一发现与 LTN1 在 RQC 中的已知功能一致，因为蛋白质质量控制缺陷是神经退行性变的一个标志。随后 RQC 机制的阐明预测 NEMF 的突变可能导致类似的表型。事实上，最近有报道称小鼠 NEMF 基因突变也会导致神经退行性变。此外，两项研究报道了几个家族中人类 NEMF 与神经肌肉疾病共分离的突变。然而，目前仍不清楚 LTN1 或 NEMF 功能障碍如何导致神经退行性变。本文综述的 RQC 机制知识为涉及通路功能障碍的研究提供了一个重要的框架。除此之外，相关研究已经明确分析内源性 RQC 和监测疾病组织中的 Ala 尾将是关键的下一步。

第7章 研究同义密码子使用模式的相关实验技术

———————————— • ————————————

在研究中的一个未来的挑战是编码序列与蛋白质生产之间的关系是对所有目前已知但尚未发现的影响翻译过程的编码序列特征进行彻底的比较分析。这可以通过进一步改进和整合实验方法与统计分析来实现。mRNA 和 tRNA 丰度、核糖体密度和蛋白质组学的实验性 RNA 测序数据，应该被完整分析。迄今为止，大多数的编码序列特征影响基因表达都来源于自然表达数据或随机生成的报告蛋白文库的过度表达。设计合成基因变体的系统方法将比生成和测试随机基因变体更有效。变体设计应系统地改变可能影响表达的编码序列特征，并尽可能减少各个特征之间的协方差。这种系统的方法将使我们能够揭示几个编码序列特征的影响，其中要测试的变体数量相对有限。

一、基因改造技术

针对基因转录、翻译等生物学活性的研究，同义密码子使用模式涉及的基因改造对于上述研究是十分必要的。针对同义密码子使用模式的多变性，本章将介绍常用于基因改造技术的相关原理。

（一）定点突变技术

定点突变技术（site-directed mutagenesis technique）是当今遗传学、生物学、医学等领域研究中的重要实验技术手段。此种技术的最大特点就是能够通过定点突变对目标基因设计的核苷酸排布特征进行人为干预，进而探索基因生物学功能。通常，利用定点突变技术对目标基因实施核苷酸替换、核苷酸缺失及插入外源核苷酸序列会对目标基因表达产物在结构与生物学活性方面有所影响。定点突变技术的潜在应用领域很广，如研究蛋白质相互作用位点的结构、改造酶的不同活性或动力学特性，改造启动子或者 DNA/RNA 作用元件，引入新的酶切位点，提高外源蛋白合成效率，提高外源蛋白抗原性、稳定性和生物活性，以及用于新药开发和基因治疗等。

目前定点突变技术应用最多的就是单点突变技术和多点突变技术。对于单点突变技术，其基本工作原理是利用导入突变核苷酸位点的特异性引物进行 PCR 高保真性的 DNA 片段扩增反应，对 PCR 产物进行 5′ 磷酸化及末端平滑化处理，然后利用 DNA 片段高效连接试剂将 PCR 扩增产物进行自身连接（环化反应），然后转化克隆菌，挑取突变体阳性菌株，提取突变体 DNA。多点突变技术比单点突变技术应用范围更为广阔，包括蛋白互作活性位点、蛋白酶催化活性位点及蛋白与基因调控元件之间互作的活性位点等。多点突变技术的工作原理与单点突变技术的工作原理基本相似，只是一次实验能够在靶基因上引入多个核苷酸突变位点。根据实验需要，设计多条具有突变位点的引物序列，这些引物必须只能特异性与同一条 DNA 链结合。在 PCR 反应中，这些带有突变核苷酸位点的引物在退火后全部都能够结合在同一环状单链模板上。在高保真 DNA 聚合酶对结合有突变引物的片段进行扩增时，每当遇到一条引物就停滞 DNA 扩增，各个 DNA 片段通过连接酶相互连接成环。利用核酸酶对双链模板进行水解处理，将模板链及杂合环中的模板链水解消化，最后只剩下带有核苷酸突变体的 DNA 序列。将突变体 DNA 序列与克隆质粒进行连接，转化进入克隆菌体中进行重组质粒扩增，然后挑选含有突变体序列的菌株进行突体 DNA 的提取。经过大量实验研究数据的分析，发现引入 3 个定点突变的效率为 60%，5 个定点突变的效率为 30%。得到的其他质粒是带有较少定点突变的质粒，以引入 3 个定点突变为例，就是有 40% 左右的转化质粒是带有 1~2 个不同定点突变的质粒（因为存在 1~2 个引物结合模板延伸形成单链环的可能）。这样，一次实验可以得到不同数目突变的质粒，对于研究蛋白质结构和功能的关系也是有用的。

（二）同源重组技术

同源重组（homologous recombination，HR）又称一般性重组（general recombination），是指发生在非姐妹染色单体间、同一染色体上含同源序列的 DNA 分子间或分子内的重新组合过程。同源序列间通过配对、链的断裂和再连接，产生片段与片段交换的过程，是最基本的重组方式之一。真核生物中染色体间或染色体内重要的基因交换，某些低等真核生物及细菌转化、转导和接合等都同属于该类型。

在不同细胞中，同源重组不依赖于 DNA 分子间的特异性，只依赖于 DNA 分子间的同源性。100% 同源重组 DNA 分子间的重组常见于非姐妹染色体之间，称为 Homologous Recombination；而小于 100% 同源性的 DNA 分子间或分子内的重组，则被称为 Hemologous Recombination。其中，后者可用于碱基错配的蛋白，如原核细胞内的 MutS 或真核生物细胞内的 MSH2-3 等蛋白质修饰。同时，同源重组还可进行双向交换 DNA 分子，也可进行单向转移 DNA 分子，而后者又被称为基因转换（gene conversion）。由于同源重组依赖于 DNA 分子间的同源性，因此，原核生物的同源重组常发生在 DNA 复制过程中，而真核生物的同源重组则常见于细胞周期的 S 期后。

该技术也被应用于分子生物学中，利用同源序列 DNA 分子间的重新组合这一基本原理，可将所需载体进行任意位点线性化，并在插入的目的片段 PCR 引物 5′ 和 3′ 端引入线性化载体的末端序列，使 PCR 产物 5′ 和 3′ 端分别携带与线性化载体 5′ 和 3′ 端同源的 15～25 个碱基对序列，而后将目的片段 PCR 产物与线性化载体按一定比例混合后，通过相关酶试剂处理，同时去除载体与目的 DNA 上同源片段双链中的一条同源互补序列，如此载体和目的 DNA 两端露出能够互补配对的序列，并依靠同源序列碱基间的互补配对原则使载体和目的 DNA 较为紧密地连接在一起而无须酶连过程，直接可进行转化并完成定向克隆。

DNA 同源重组过程主要有两种方式：单链退火（single strand annealing）与单链侵入（strand invasion）。单链 DNA 结合蛋白后结合单链 DNA 与另一同源性互补的单链 DNA 结合，称为单链退火；单链 DNA 结合蛋白结合单链 DNA 侵入双链 DNA 互补区域完成 DNA 重组，称为单链侵入。同源重组过程可用单链 DNA 作为底物，也可用双链 DNA 作为底物。如果用双链 DNA 作为底物，则需具有 5′-3′ 核酸外切酶活性的 RecE 或 Reda 蛋白，并联合单链结合蛋白 RecT 或 Redp；若用单链 DNA 作为底物，则只需单链结合蛋白 RecT 或 Redβ。

DNA 同源重组的主要形成过程：①相关的核酸酶对 DNA 双链断裂处 5′ 端进行降解，切除若干个核苷酸，使 3′ 端单链 DNA 形成；② 3′ 端单链 DNA 侵入同源 DNA 模板链，并作为引物进行 DNA 合成及链交换反应，形成 Holliday Junction 结构；③相关核酸酶使 Holliday Junction 结构解开，并最终完成 DNA 同源重组过程。用于解释同源重组分子机制的模型主要有 Holliday 模型、Meselson-Radding 模型、双链断裂模型、大肠杆菌中的同源重组途径、减数分裂重组。同源重组属于生物体最基础的变化之一，是生物体进化的必然过程。其在物种进化、细胞生长、配子形成、减数分裂、DNA 双链断裂修复、维持基因组稳定等多方面起着重要作用。

（三）基因合成技术

基因合成（gene synthesis）是指不依赖生物体源性细胞的基因合成系统，而是在依靠人工化学合成技术来实现 DNA 双链大分子的合成。基因合成并非类似引物等寡核苷酸链的合成（寡核苷酸链是单链，并且合成长度最多在 100nt 左右），而是实现长的 DNA 双链（其长度范围在 50bp～12kb）的合成。基因合成技术也并非 PCR 扩增技术，因为基因合成过程无须 DNA 模板的参与。基因合成的优点：① DNA 双链合成所需时间短，并且所合成的 DNA 双链保真性极高；②与常规 PCR 相关技术相比，基因合成技术具有更高的灵活性，可以根据实验设计对目标序列进行灵活性更改，这有利于下游实验的基因克隆和其他实验；③科学家可以不受所设计的目标基因在自然界存在与否而自由设计目标基因；④与单点或者多点核苷酸突变相比，基因合成可以对目标基因进行更广泛的核苷酸更改，尤其在同义密码子使用模式的优化方面更是凸显其强大的功能。

二、组学技术

随着生命领域相关科学研究的不断突破和发展，越来越多的实验研究对科学家提出了对分析技术手段的新要求。组学（omics）技术就是在这样的大背景下孕育而生的。组学技术是一个集合了很多学科的领域，包括基因组学（genomics）、转录组学（transcriptomics）、蛋白质组学（proteomics）、代谢组学（metabolomics）、免疫组学（immunomics）、脂质组学（lipidomics）、糖组学（glycomics）、超声组学（ultrasomics）和影像组学（radiomics）等。本部分将描述一些与同义密码子使用模式密切相关的组学技术。

（一）基因组学

在 1986 年，美国遗传学家就提出了基因组学的概念：对生物体全部基因进行整体表征、定量分析和不同基因组比较分析的一门交叉生物学学科。其研究的焦点是基因组的组织构架、生物功能、遗传演化、基因编辑及基因定位分析等。基因组学的核心就是对待研究生物体遗传物质的高通量测序，而后利用生物信息学技术手段对测序信息进行合理组装，最终将基因组的组织构架进行可视化。

1. 结构基因组学　结构基因组学（structural genomics）聚焦的研究内容包括基因组组织构架、目标基因在基因组中的位置及不同基因在基因组中分布的特征。其中，将基因组中不同蛋白产物的结构特征进行分析是需要结合实验性验证及数学建模来实现对蛋白结构的高通量分析。因此，随着自然界中不同生物体基因组测序数据的不断更新和积累，通过实验设计验证及数学建模相结合的策略能够高效实现对基因组不同蛋白产物结构的解析。

2. 功能基因组学　功能基因组学（functional genomics）可以将目标生物体基因组所进行的基因转录、蛋白质合成、蛋白质与蛋白质互作、蛋白质与 DNA 互作等动态生物过程可视化。与传统基因生物学功能的研究策略不同，功能基因组学依靠高通量数据采集，在整体水平上分析相关生物学活动的特征。功能基因组学可以依据结构基因组学对基因组的信息和产物进行采集，全面分析基因群表现出来的生物学功能，从而将生物学研究从对单一基因，或者蛋白质功能性研究转变为对基因群体系统性研究。与传统基因或蛋白质功能研究相比，功能基因组学在蛋白激酶对底物蛋白磷酸化修饰、基因群体活动对宿主细胞生命周期的影响、与生物发育相关的基因群体对细胞周期的调控及细胞内信号转导等研究中优势明显。功能基因组学的这些优势离不开高通量分析平台，如微流控芯片、标签序列展示（sequence tagged fragments display）、cDNA 文库、DNA 芯片、基因表达谱分析等。

3. 表观基因组学　表观基因组学（epigenomics）主要聚焦生物基因组所携带的所有表观遗传信息的一个基因组学分支。表观遗传性修饰是一种可逆性化学修饰（对生物体基因组及染色体上组蛋白的修饰），其对生物遗传信息的表现、细胞发育分化及细胞功能的影响不容忽视。表观基因组学分析最常见的就是对 DNA 甲基化、羟甲基化、磷酸化、乙酰化等修饰活性分析及组蛋白化学修饰。表观遗传修饰在基因表达和调控中起着重要作用，并参与许多细胞过程，如分化 / 发育和肿瘤发生。直到最近，通过基因组高通量分析，才可能在全基因组范围研究表观基因组学。

4. 宏基因组学　宏基因组学（metagenomics）通过直接从环境或者人工培养物中提取全部的微生物（病毒）的全部遗传物质，而后构建宏基因组文库，最后采用基因组学分析技术将全部微生物（病毒）的遗传组织构架及群落功能展示出来。以微生物群落分析为例，研究人员从环境样品中提取出所有微生物的基因组，通过对所有 16S rRNA 基因的高通量测定来获取环境微生物群体的遗传多样性数据。宏基因组技术比传统微生物培养分析技术最大的优点就是能够实现对环境中存在的所有微生物菌群进行无遗漏地鉴定和分析。

（二）转录组学

转录组学（transcriptomics）主要聚焦在目标细胞基因组中所有基因转录活性及转录调控规律分析的技术。与基因组学研究的重点不同，转录组学对细胞基因组的转录组数据的收集需要考虑时空效应对基因组中所有基因的转录影响。例如，相同来源的细胞或者微生物，在不同生长环境、生长时间、外界因素影响下都会对细胞或微生物基因组在整体转录活性方面产生影响。转录组学的研究方法主要包括 RNA 测序技术、基因芯片分析技术、基因表达谱技术、转录物标记分析技术和转录物调节网路分析技术等。

（三）蛋白质组学

蛋白质组学（proteomics）是聚焦于研究细胞或组织中蛋白质组成及其变化规律的高通量分析技术。蛋白质组指一种细胞或者生物个体基因组表达的所有蛋白质成分，具体包括研究整体水平上蛋白质表达水平、蛋白质翻译后化学修饰特性及蛋白质之间互作特征等。相关研究为揭示生命活动的本质、疾病发生发展机制及蛋白质新功能提供了研究新途径。例如，通过患病个体特定组织细胞与健康个体组织细胞之间的蛋白质组学分析，研究人员能够凭借高通量筛选技术将一些参与疾病发生发展的特异性蛋白质分子筛选出来，这将为新药靶点分子的开发及早期疾病诊断标志物的筛选提供了全面可信的数据信息。

蛋白质组学的发展是生物学、物理学、化学和数学相关分析技术不断进步和协同合作的产物。与基因组学和转录组学相比，蛋白质组学相关研究的成败很大程度上取决于所涉及的各领域技术方法水平的高低。此外，蛋白质组学分析过程中会面对蛋白质种类繁多的翻译后修饰（如糖基化、甲基化、乙酰化、磷酸化、乳酸化和脂质化等）给蛋白质分离和分析带来了诸多困难。因此，开发高通量、高精确度及高灵敏度的实验技术平台仍然是蛋白质组学不断发展升级的原动力。当前，开展蛋白质组学相关实验的内容主要包括样品制备、蛋白质分离和分析、蛋白质组分析。

三、核糖体印迹测序技术

核糖体印迹测序（ribosome profiling sequencing, ribo-seq）是以被核糖体覆盖的大约 30nt 长度的 mRNA 片段进行深度测序分析的技术。ribo-seq 技术在研究同义密码子使用模式介导 mRNA 半衰期及蛋白质翻译动力学方面发挥中重要作用。基因转录成 mRNA 再翻译成具有正确构象的蛋白产物的前体条件是顺利进行的细胞活动及充足的能力供给。核糖体印迹测序能够实现对上述翻译过程中每一个步骤的监测，并且在蛋白质组层面上测定蛋白质的翻译速率、对翻译步骤定位及共翻译折叠的全过程。随着与核糖体印迹测序技术相关联的分析技术的不断发展和进步，很多与蛋白质翻译调控、蛋白产物功能及细胞生理学相关的核糖体与 mRNA 互作关系将逐一展示在科学家面前。

核糖体印迹测序的基本原理是对核糖体在 mRNA 上的足迹开展深度测序。如图 7-1 所示，将目标细胞利用环己亚胺进行裂解，核酸酶对转录产物进行消化，纯化核糖体与 mRNA 结合的复合物，构建 cDNA 文库，最后进行测序。其中，这些核糖体与大约 30nt 长度的 mRNA 片段结合的区域就被称为核糖体印迹（ribosome footprint）。每一个印迹就代表一个核糖体在 mRNA 上所占据的核苷酸区域，并且通过高通量深度测序技术就可以实现一次实验获得的所有核糖体印迹的序列均能够测序成功。核糖体印迹在 mRNA 链上的密度直接能够反映出不同突变体 mRNA 对于核糖体移动速率的影响。

mRNA 上的同义密码子使用模式影响着核糖体的移动速率。利用核糖体印迹技术分析不同 mRNA 上核糖体移动速率与同义密码子使用模式之间的关系，发现当核糖体移动速率减慢就会导致核糖体集中于减速区（大量稀有密码子富集），提高核糖体在 mRNA 特定区域的密度；反之，当核糖体快速移动时，核糖体在 mRNA 的高速区（大量优势密码子聚集）就不会聚集（图 7-2）。

利用核糖体印迹技术分析大多数真核细胞蛋白质翻译过程时，研究人员发现核糖体倾向于富集在 5′UTR 上是为了在核糖体扫描上游编码基因开始启动翻译事件时抑制核糖体对下游基因翻译的开启。然而，由于生物体基因在遗传演化中的多样性，有些上游基因并不能优先于下游基因启动翻译事件，甚至上游基因能够促进下游基因的优先翻译。此外，相同基因产生的不同转录本（alternative transcript isoforms）由于包含 / 剔除上游编码序列来调节其翻译的时序性。极端情况下，那些

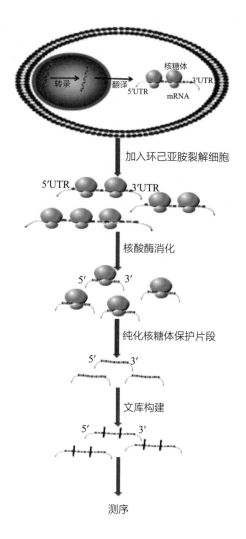

▲ 图 7-1　核糖体印迹测序技术的实验原理示意

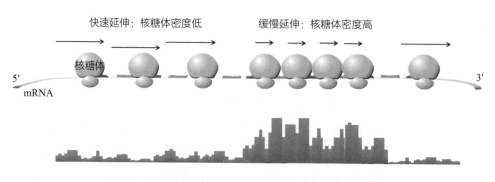

▲ 图 7-2　核糖体印迹对核糖体在 mRNA 上分布的密度分析

长而无翻译活性的转录本均含有很多上游编码序列。而这些具有翻译调节能力的上游编码序列是通过对真核翻译起始因子α（α subunit of eukaryotic initiation factor 2，eIF2α）进行磷酸化来抑制下游基因翻译，这也导致5′UTR上没有大量核糖体富集。但是，当eIF2α被磷酸化时，一些转录本可通过非依赖翻译起始密码子来开启翻译事件。这些非翻译起始密码子介导的翻译事件是依赖一些近似的非AUG同源密码子（near-cognate non-AUG codon）发挥起始密码子的作用。例如，密码子CUG能够与负责翻译起始的tRNA发生错配来启动翻译。很多与癌症相关的转录本可通过非AUG同源密码子来进行蛋白质的翻译表达。

四、蛋白质分析技术

由于同义密码子使用模式在介导基因表达及蛋白质空间构象形成过程中是以精微翻译调控选择压力来进行相关影响的，直观研究蛋白表达产物是否具有天然空间构象对于涉及同义密码子使用模式改造的相关研究是十分关键的。本章将围绕一些应用广泛且稳定可靠的实验分析技术（X线晶体衍射技术、冷冻电镜技术、磁共振技术及同位素标记技术）的原理来进行阐述。

（一）X线晶体衍射技术

X线是一种波长很短的电磁波。由于波长很短，X线能够穿透一定厚度的物体。当单束X线投射到晶体时，晶体中由原子规则排布构成的晶胞会使X线穿透过程产生很强的X线衍射现象。X线产生的衍射线在空间分布的方位和强度与晶体结构密切相关。若单束狭窄平行的X线投射到纯度很高的蛋白质晶体上，大部分X线能够直接穿透蛋白质晶体，但是仍然有一小部分X线会被蛋白晶体中规则排列的原子吸收，产生X线衍射现象。这种X线衍射被配套的探测仪记录后会以衍射斑点呈现。

在X线衍射图像中，每个斑点的位置及信号强度能反映出蛋白质晶体所含原子的位置信息。依靠人工对蛋白质晶体衍射图来推断蛋白质大分子的空间构象是很困难的。随着科技革命的进步，蛋白质晶体衍射数据分析变得越来越人工智能化，只要能够获得高纯度的蛋白质晶体，基本就能很顺利地实现对蛋白质大分子物质空间构象的解析。其中，X线衍射仪在解析蛋白质空间构象中发挥着关键作用。其基本结构主要包括四个模块：①高度稳定的X线激发器（更换X线管阳极靶材料可调节X线的波长范围，调节阳极电压可控制X线的强度）；②调节待检蛋白晶体的操作系统（蛋白样品是粉末状单晶或者固块的多晶和微晶）；③X线衍射信号采集器（记录X线衍射的方向和强度，获得蛋白晶体衍射图谱）；④蛋白晶体衍射图谱的计算机处理分析系统。

完整的原子模型通常会非常复杂而不能直接鉴定，但是简化的版本能够很容易地展示从其中推断出的蛋白质基本结构特征。目前，已经有超过2万种蛋白质的三维结构已经通过X线衍射法或磁共振确定，这些数据已经足够用于探究通用结构家族的具体情况。另外，这些结构或蛋白质折叠在进化过程中看上去比产生它们的氨基酸序列更保守。

（二）冷冻电镜技术

在蛋白质空间构象的分析中，冷冻电镜显微技术（cryo-electron microscopy，cryo-EM）弥补了常规电子显微镜在此领域应用中的不足。cryo-EM所采用的实验分析采用样品冷冻、低剂量电子断层扫描及三维重构的实验分析方案。随着cryo-EM相配套的仪器硬件及计算机软件的开发升级，研究人员可以更加精准地解析目标蛋白的空间构象，这为药物靶点开发及生物大分子互作等前沿研究提供了有利的技术保障。其中，单颗粒分析技术能够很好地降低由于高能电子束照射待检蛋白样品而对其空间构象的破坏。由于工作原理所需要的条件限制，cryo-EM在解析蛋白质空间构象的过程中也表现出明显的缺点。其缺点主要表现为：①蛋白样品制备过程可能对蛋白颗粒随机分布造成影响；②对蛋白样品要求结构均一性高；③对数据成像分析技术的要求高。但是，随着蛋白质表达与纯化技术的不断提高，以及计算机对采集信息分析技术的不断更新，相信cryo-EM在分析蛋白质大分子空间构象及生物学功能方面会发挥出更佳的表现。

利用cryo-EM对目标蛋白进行空间构象分析的实验流程是先将样品作原位冷冻固定处理。高纯度、高浓度的蛋白样品溶液被滴在一个特制的样品载网上。载网由一张布满小孔的超薄非晶碳薄膜和金属支撑框架组成，在表面张力的作用下，微孔上会形成一层跨孔的薄水膜。将多余溶液吸走后，把载有蛋白溶液超薄膜的载网迅速投入液态乙烷冷冻剂中使其快速冷冻，从而使蛋白质分散固定在玻璃态的冰膜中。然后，利用低剂量对固定的样品进行低剂量辐照成像。具体实验操作是，选择最有可能产生最佳图像的最佳颗粒密度和玻璃态冰厚度的样品，设定最佳参数（如欠焦值、放大倍数和电子剂量等），记录这些样品区域的大量图像，用手工或半自动程序框取那些离散的分子形成的投影图。最后，对采集的数据进行三维结构重建。由于电子可能对非常敏感的样品造成辐射损伤，所以单颗粒冷冻电镜只能采用非常低的电子量，而这种电镜 2D 投影图像有非常大的背景噪声。为提高图像分辨率，研究人员首先需要提出一个初始的 3D 模型，然后对捕获的单颗粒 2D 图像进行分选。

（三）磁共振技术

与 X 线衍射技术和冷冻电镜技术相比，磁共振技术（nuclear magnetic resonance，NMR）能够直接分析溶液和活细胞中相对分子量较小（一般分子量小于 2×10^4Da）的小分子化合物、蛋白质及核酸链，并且对待检样品的损伤很小。由于原子核有自旋运动的特点，在恒定磁场中，原子核将围绕外加磁场做回旋转动（被称为进动）。进动的原子有一定的频率，其与所加磁场的强度成正比。在此种条件下，若再加入一个具有固定频率的电子波，并调节外加磁场的强度，可以使原子核进动的频率与电磁波频率同步。这种情况下进动的原子核与电磁波产生的共振被称为磁共振。发生磁共振时，原子核吸收的电磁波能量所呈现出来的吸收曲线就是磁共振谱（NMR specturm）。不同分子中原子核所处化学环境不同，因此表现出不同的磁共振谱。收集这些磁共振谱就能够推断目标原子在分子中的位置和数目，从而实现分子量测定和大分子物质空间结构解析。

参考文献

[1] 汪梦竹，胡欣妍，杨宣叶，等．同义密码子使用模式对多肽链共翻译折叠的影响研究进展 [J]. 微生物学通报，2023, 50(7):3146-3158.

[2] 冯茜莉，王慧慧，汪梦竹，等．同义密码子通过精微翻译选择机制实现对基因的表达调控 [J]. 微生物学报，2022, 62(10):3681-3695.

[3] 蒲飞洋，李易聪，王慧慧，等．同义密码子使用模式对蛋白产物表达及构象形成的影响 [J]. 中国生物工程杂志，2022, 42(3):91-98.

[4] 李易聪，蒲飞洋，王慧慧，等．同义密码子使用偏嗜性对 mRNA 半衰期及翻译调控的影响 [J]. 生物工程学报，2022, 38(03):882-892.

[5] 刘山林，邱娜，张纾意，等．基因组学技术在生物多样性保护研究中的应用 [J]. 生物多样性，2022, 30(10):334-354.

[6] 郭圆圆，孙雅如，张和平．微生物转录组学技术研究进展 [J]. 生物工程学报，2022, 38(10):3606-3615.

[7] 崔凯，吴伟伟，刁其玉．转录组测序技术的研究和应用进展 [J]. 生物技术通报，2019, 35(7):1-9.

[8] 韩月雯，吴瑞，马超锋，等．病毒 - 宿主蛋白相互作用组学研究进展 [J]. 病毒学报，2021, 37(4):997-1003.

[9] 文志，韩艳秋，王俊瑞．布鲁氏菌毒力因子研究进展 [J]. 微生物学通报，2021, 48(3):842-848.

[10] 李娜．沙门菌的检测与预防研究进展 [J]. 食品安全导刊，2022(11):178-180.

[11] 赫聪慧，贾天军．衣原体与宿主细胞相互作用研究进展 [J]. 生理科学进展，2019, 50(2):153-156.

[12] 罗曼，刘倩．食源性金黄色葡萄球菌耐药机制分析 [J]. 中国病原生物学杂志，2022, 17(6):685-688.

[13] 刘瑶，廖国阳．肺炎支原体的病原生物学研究进展 [J]. 激光生物学报，2021, 30(2):117-122, 146.

[14] 张骁鹏，李炘榴，郑波，等．立克次体与立克次体病的检测与鉴定 [J]. 微生物与感染，2015, 10(3):194-198.

[15] 刘传铃，王佳贺．秀丽线虫衰老模型及机制的研究进展 [J]. 国际老年医学杂志，2020, 41(5):326-330.

[16] 郑海学，刘湘涛．口蹄疫病毒遗传进化研究进展 [J]. 生命科学 .2016, 28(3):311-324.

[17] 杨凌涵，曹云鹏．干细胞治疗在阿尔兹海默病中的研究进展 [J]. 国际神经病学神经外科学杂志，2022, 49(4):62-68.

[18] 徐荣刚，王霞王，芳孙锦，等．果蝇研究技术与资源的开发 [J]. 中国实验动物学报 .2018, 26(4):489-492.

[19] 赵呈天，贾硕，张晓丽．以斑马鱼为疾病模型的小分子药物筛选研究进展 [J]. 中国海洋大学学报 (自然科学版), 2019, 49(9):59-65.

[20] Cramer P.Organization and regulation of gene transcription[J].Nature, 2019, 573(7772):45-54.

[21] Haberle V, Stark A.Eukaryotic core promoters and the functional basis of transcription initiation[J].Nat Rev Mol Cell Biol, 2018, 19(10):621-637.

[22] Girbig M, Misiaszek AD, Müller CW.Structural insights into nuclear transcription by eukaryotic DNA-dependent RNA polymerases[J].Nat Rev Mol Cell Biol, 2022, 23(9):603-622.

[23] Li C, Li Z, Wu Z, et al.Phase separation in gene transcription control[J].Acta Biochim Biophys Sin (Shanghai), 2023, 55(7):1052-1063.

[24] Yap EL, Greenberg ME.Activity-Regulated Transcription:Bridging the Gap between Neural Activity and Behavior[J].Neuron, 2018, 24;100(2):330-348.

[25] Matthews HK, Bertoli C, de Bruin RAM.Cell cycle control in cancer[J].Nat Rev Mol Cell Biol, 2022, 23(1):74-88.

[26] Packard JE, Dembowski JA.HSV-1 DNA Replication-Coordinated Regulation by Viral and Cellular Factors [J]. Viruses, 2021, 13(10):2015.

[27] Hu Y, Stillman B.Origins of DNA replication in eukaryotes[J].Mol Cell, 2023, 83(3):352-372.

[28] Torres-Barceló C.The disparate effects of bacteriophages on antibiotic-resistant bacteria[J].Emerg Microbes Infect, 2018, 7(1):168.

[29] García-Nafría J, Tate CG.Structure determination of GPCRs:cryo-EM compared with X-ray crystallography[J].Biochem Soc Trans, 2021, 49(5):2345-2355.

[30] Bunaciu AA, Udriştioiu EG, Aboul-Enein HY.X-ray diffraction:instrumentation and applications[J].Crit Rev Anal Chem, 2015, 45(4):289-299.

[31] Stollar EJ, Smith DP.Uncovering protein structure[J].Essays Biochem, 2020, 64(4):649-680.

[32] McPherson A.Protein Crystallization[J].Methods Mol Biol, 2017, 1607:17-50.

[33] Maveyraud L, Mourey L.Protein X-ray Crystallography and Drug Discovery[J].Molecules, 2020, 25(5):1030.

[34] Parvathy ST, Udayasuriyan V, Bhadana V.Codon usage bias[J].Mol Biol Rep, 2022, 49(1):539-565.

[35] Hanson G, Coller J.Codon optimality, bias and usage in translation and mRNA decay[J].Nat Rev Mol Cell Biol, 2018, 19(1):20-30.

[36] Dedon PC, Begley TJ.Dysfunctional tRNA reprogramming and codon-biased translation in cancer[J].Trends Mol Med, 2022, 28(11):964-978.

[37] Bicknell AA, Ricci EP.When mRNA translation meets decay[J].Biochem Soc Trans, 2017, 45(2):339-351.

[38] Iriarte A, Lamolle G, Musto H.Codon Usage Bias:An Endless Tale[J].J Mol Evol, 2021, 89(9-10):589-593.

[39] Liu Y.A code within the genetic code:codon usage regulates co-translational protein folding[J].Cell Commun Signal, 2020, 18(1):145.

[40] Simón D, Cristina J, Musto H.An overview of dinucleotide and codon usage in all viruses[J].Arch Virol, 2022, 167(6):1443-1448.

[41] Chaney JL, Clark PL.Roles for Synonymous Codon Usage in Protein Biogenesis[J].Annu Rev Biophys, 2015, 44:143-66.

[42] Giménez-Roig J, Núñez-Manchón E, Alemany R, et al.Codon Usage and Adenovirus Fitness:Implications for Vaccine Development[J].Front Microbiol, 2021, 12:633946.

[43] Im EH, Choi SS.Synonymous Codon Usage Controls Various Molecular Aspects[J].Genomics Inform, 2017, 15(4):123-127.

[44] Hunt RC, Simhadri VL, Iandoli M, et al.Exposing synonymous mutations[J].Trends Genet, 2014, 30(7):308-321.

[45] Pintó RM, Pérez-Rodríguez FJ, D'Andrea L, et al.Hepatitis A Virus Codon Usage:Implications for Translation Kinetics and Capsid Folding[J].Cold Spring Harb Perspect Med, 2018, 8(10):a031781.

[46] Callens M, Pradier L, Finnegan M, et al.Read between the Lines:Diversity of Nontranslational Selection Pressures on Local Codon Usage[J].Genome Biol Evol, 2021, 13(9):evab097.

[47] Wu Q, Bazzini AA.Translation and mRNA Stability Control[J].Annu Rev Biochem, 2023, 92:227-245.

[48] Mukai T, Lajoie MJ, Englert M, et al.Rewriting the Genetic Code[J].Annu Rev Microbiol, 2017, 71:557-577.

[49] Bahiri-Elitzur S, Tuller T.Codon-based indices for modeling gene expression and transcript evolution[J].Comput Struct Biotechnol J, 2021, 19:2646-2663.

[50] King KM, Rajadhyaksha EV, Tobey IG, et al.Synonymous nucleotide changes drive papillomavirus evolution[J].Tumour Virus Res, 2022, 14:200248.

[51] Liu Y, Yang Q, Zhao F.Synonymous but Not Silent:The Codon Usage Code for Gene Expression and Protein Folding[J].Annu Rev Biochem, 2021, 90:375-401.

[52] Santos M, Fidalgo A, Varanda AS, et al.tRNA Deregulation and Its Consequences in Cancer[J].Trends Mol Med, 2019, 25(10):853-865.

[53] Gupta MK, Vadde R.Next-generation development and application of codon model in evolution[J].Front Genet, 2023, 14:1091575.

[54] Sexton NR, Ebel GD.Effects of Arbovirus Multi-Host Life Cycles on Dinucleotide and Codon Usage Patterns[J].Viruses, 2019, 11(7):643.

[55] Marín M, Fernández-Calero T, Ehrlich R.Protein folding and tRNA biology[J].Biophys Rev, 2017, 9(5):573-588.

[56] Pechmann S.Coping with stress by regulating tRNAs[J].Sci Signal, 2018, 11(546):eaau1098.

[57] Saint-Léger A, Ribas de Pouplana L.The importance of codon-anticodon interactions in translation elongation[J].Biochimie, 2015, 114:72-79.

[58] Mauro VP, Chappell SA.A critical analysis of codon optimization in human therapeutics[J].Trends Mol Med, 2014, 20(11):604-613.

[59] Yadav V, Ullah Irshad I, Kumar H, et al.Quantitative Modeling of Protein Synthesis Using Ribosome Profiling Data[J].Front Mol Biosci, 2021, 8:688700.

[60] Nunes A, Ribeiro DR, Marques M, et al.Emerging Roles of tRNAs in RNA Virus Infections[J].Trends Biochem Sci, 2020, 45(9):794-805.

[61] Hia F, Takeuchi O.The effects of codon bias and optimality on mRNA and protein regulation[J].Cell Mol Life Sci, 2021, 78(5):1909-1928.

[62] Nissley DA, O'Brien EP.Timing is everything:unifying codon translation rates and nascent proteome behavior[J].J Am Chem Soc, 2014, 136(52):17892-17898.

[63] Rak R, Dahan O, Pilpel Y.Repertoires of tRNAs:The Couplers of Genomics and Proteomics[J].Annu Rev Cell Dev Biol, 2018, 34:239-264.

[64] Cao X, Slavoff SA.Non-AUG start codons:Expanding and regulating the small and alternative ORFeome[J].Exp Cell Res, 2020, 391(1):111973.

[65] Jordan-Paiz A, Franco S, Martínez MA.Impact of Synonymous Genome Recoding on the HIV Life Cycle[J].Front Microbiol, 2021, 12:606087.

[66] Brendle SA, Bywaters SM, Christensen ND.Pathogenesis of infection by human papillomavirus[J].Curr Probl Dermatol, 2014, 45:47-57.

[67] Richter JD, Coller J.Pausing on Polyribosomes:Make Way for Elongation in Translational Control[J].Cell, 2015, 163(2):292-300.

[68] Supek F.The Code of Silence:Widespread Associations Between Synonymous Codon Biases and Gene Function[J].J Mol Evol, 2016, 82(1):65-73.

[69] Brar GA, Weissman JS.Ribosome profiling reveals the what, when, where and how of protein synthesis[J].Nat Rev Mol Cell Biol, 2015, 16(11):651-64.

[70] Sawyer EB, Cortes T.Ribosome profiling enhances understanding of mycobacterial translation[J].Front Microbiol, 2022, 13:976550.

[71] Wang Y, Zhang H, Lu J.Recent advances in ribosome profiling for deciphering translational regulation[J].Methods, 2020, 176:46-54.

[72] Aramayo R, Polymenis M.Ribosome profiling the cell cycle:lessons and challenges[J].Curr Genet, 2017, 63(6):959-964.

[73] Baudin-Baillieu A, Hatin I, Legendre R, et al.Translation Analysis at the Genome Scale by Ribosome Profiling[J].Methods Mol Biol, 2016, 1361:105-124.

[74] Ingolia NT.Ribosome profiling:new views of translation, from single codons to genome scale[J].Nat Rev Genet, 2014, 15(3):205-13.

[75] Filbeck S, Cerullo F, Pfeffer S, et al.Ribosome-associated quality-control mechanisms from bacteria to humans[J].Mol Cell, 2022, 82(8):1451-1466.

[76] Baßler J, Hurt E.Eukaryotic Ribosome Assembly[J].Annu Rev Biochem, 2019, 88:281-306.

[77] Alkan F, Wilkins OG, Hernández-Pérez S, et al.Identifying ribosome heterogeneity using ribosome profiling[J].Nucleic Acids Res, 2022, 50(16):e95.

[78] Ni C, Buszczak M.Ribosome biogenesis and function in development and disease[J].Development, 2023, 150(5):dev201187.

[79] Orellana EA, Siegal E, Gregory RI.tRNA dysregulation and disease[J].Nat Rev Genet, 2022, 23(11):651-664.

[80] Phizicky EM, Hopper AK.The life and times of a tRNA[J].RNA, 2023, 29(7):898-957.

[81] Edwards AM, Addo MA, Dos Santos PC.Extracurricular Functions of tRNA Modifications in Microorganisms[J].Genes (Basel), 2020, 11(8):907.

[82] de Crécy-Lagard V, Jaroch M.Functions of Bacterial tRNA Modifications:From Ubiquity to Diversity[J].Trends Microbiol, 2021, 29(1):41-53.

[83] Tosar JP, Cayota A.Extracellular tRNAs and tRNA-derived fragments[J].RNA Biol, 2020, 17(8):1149-

1167.

[84] Lorenz C, Lünse CE, Mörl M.tRNA Modifications:Impact on Structure and Thermal Adaptation[J]. Biomolecules, 2017, 7(2):35.

[85] Melnikov SV, Söll D.Aminoacyl-tRNA Synthetases and tRNAs for an Expanded Genetic Code:What Makes them Orthogonal?[J].Int J Mol Sci, 2019, 20(8):1929.

[86] Li J, Zhu WY, Yang WQ, et al.The occurrence order and cross-talk of different tRNA modifications[J].Sci China Life Sci, 2021, 64(9):1423-1436.

[87] Kimura S, Srisuknimit V, Waldor MK.Probing the diversity and regulation of tRNA modifications[J].Curr Opin Microbiol, 2020, 57:41-48.

[88] Krutyhołowa R, Zakrzewski K, Glatt S.Charging the code-tRNA modification complexes[J].Curr Opin Struct Biol, 2019, 55:138-146.

[89] Li W.Quantifying tRNA abundance by sequencing[J].Nat Genet, 2023, 55(5):727.

[90] Deutscher MP.Ribonucleases, tRNA nucleotidyltransferase, and the 3′ processing of tRNA[J].Prog Nucleic Acid Res Mol Biol, 1990, 39:209-240.

[91] Nygård O, Nilsson L.Translational dynamics.Interactions between the translational factors, tRNA and ribosomes during eukaryotic protein synthesis[J].Eur J Biochem, 1990, 191(1):1-17.